伊藤操子 著

多年生雑草対策ハンドブック

叩くべき本体は地下にある

農文協

Noxious Perennial Weeds: Biology and Best Management Practices

by Misako Ito

Rural Culture Association
Akasaka 7-chome, Minato-ku, Tokyo 107-8668 Japan

まえがき

私たちの生活と活動の場には雑草が溢れている。道路・鉄道敷やのり面、河川敷や堤防、湖岸、電力用地、耕作放棄地・空地、農業地帯の畦畔(けいはん)やのり面など、舗装か建築物部分以外の平面はすべて雑草に覆われているといっても過言ではない。

さらに都市公園、道路の分離帯や工業・商業用地、集合住宅・公共施設の敷地等々でも本来植栽であるべきところも雑草に席巻されているのは普通の風景になってきた。

生活圏の雑草状況はこの20年だけを見ても明らかに悪化している。クズ、ヨモギ、イタドリ、カラムシ、チガヤなど日本人にとってなじみの深い雑草の巨大化、セイタカアワダチソウ、セイバンモロコシ、スズメノヒエ類など大型外来種の蔓延等々の変化は、温暖化や都市・市街地の温熱化、エアロゾル降下物の増加など環境的変化、在来種への外来遺伝子の侵入、そして雑草の特性に対応していない旧態依然の管理（むしろ、より粗放化しているケースも目立つ）が相まって生じているのである。

その結果、生活の場や周囲の景観・美観はもちろん植栽の衰退、鉄道・道路などの設置物の利用と管理上、また衛生・防犯上、さらには生態系においても様々な問題が噴出している。

人間は徐々に進行する変化には気づきにくい。しかし、長年雑草との関わりをもってきた著者は身をもって周囲の植生の変化を感じ、現状はこれ以上は放置できない限界にきていると思う。

生息している雑草は、大半が多年生で、しかも大型の種である。これらは地下もしくは地表近くに発達させている栄養器官に多数の芽をもっている。そして、これらに関して慣行的に実施されている機械的管理は、やっかいな多年草を維持する機能はあっても減らす力は全くなく、むしろ増加を促す傾向があることが明らかになっている。

では、緑地・非農耕地にはびこる多年生難防除雑草とどう戦えばよいのか。

まず、必要なことは相手の実態を正確に把握すること、そして、それに対応できる戦略を科学的に立てること、さらに排除すべき問題は何かを明確にすることである。本書では、これらを中心に総論および各論を展開したつもりである。

紹介した多年生雑草38種のうち30種は地下および地際に拡がる器官によって再生・繁殖する難防除雑草である。たいていはバイオマス（生物量）的にも地下部の方が大きく、普段私たちの目に入っているのはいわば‘氷山の一角’なのだ。

30年近くもの間、多くの方にご協力を頂いてあちこち地面を掘り返したが、悪戦苦闘のうちに見えてきた地下部分の‘すごさ’には畏敬の念さえ湧く思いで、作業をしながら皆唖然としたものである。写真では十分な実感をお伝えできないのが少し残念だ。ぜひ、読者ご自身で掘り返してみてほしい。

生活者とこれらの雑草との関係については、単に害や問題だけではなく歴史的な流れで見るように心がけた。また、雑草は通常、混合群落として存在しており、個別の種への制御法というのは適切ではないという見方もできるが、まずは特定の問題雑草種をターゲットと定め、その制御から取り掛かるのが管理の基本と考え、あえて各論に種ごとの制御法を入れた。

体系だった情報がほとんどない現状で述べるのは難しいことだったが、散々脅かしておいて対策を述べないのは無責任だと思い、個々の雑草に対して現段階で有益と判断された内容を記載した。

情報が少ないのは、各草種の地下部の様相についても同様で、欧米でも問題雑草となっている種類を除き、大半は著者らの調査や研究に基づくものである。

基本的構造と機能は種固有のものなので間違いないが、生育の季節消長、分布域や生育地などは過去からの状況からみてかなり流動的である。また、地下部の量や分布深度といった量的要素には、土壌・気候条件、人間による攪乱が大きく影響するし、雑草である限り種内変異も無視できない。

以上のように、分かっていないことがきわめて多い世界。皆様からのご意見・ご指摘を頂いて、この世界の情報の充実を図り、今後さらに確かで有益な知識を提供できるように努力していきたい。

本書の内容は、『地下で拡がる多年生雑草たち』(伊藤操子・森田亜貴共著、ダウ・ケミカル日本株式会社ダウ・アグロサイエンス事業部門のご援助により1999年に出版）を土台にしている。より進化させた内容での公表を願っていながら20年余りが経過してしまった。

この間、京都大学を退職後、今日までの10年余、緑地・非農耕地の植生管理に非常に多様な角度から関わっておられる諸氏とともに仕事をしたり意見交換をしたりする多くの機会を得た。このことによって、本書の作成方針や書くべき内容の焦点が絞られたと思っている。

雑草地下部の重要性に心底共感し掘り取り調査や研究活動にご協力くださった森田亜貴氏をはじめ1990年代に京都大学農学研究科雑草学分野に在籍された院生・学生諸氏、現場の経験や情報を提供くださったNPO法人緑地雑草科学研究所の仲間、また5年にわたる防除試験や植生調査を協働した旧日本国有鉄道大阪鉄道管理局の保線関係の皆様に深く感謝申し上げる。

本書の必要性と著者の意図するところをよくご理解下さった一般社団法人農山漁村文化協会ならびに作成に当たり建設的なアドバイス、激励を下さった編集者の馬場裕一氏に厚くお礼申し上げる。

最後に、我が長年のパートナー伊藤幹二（農学博士）からは、地下で拡がる27種すべてのイラストの作成、制御方法に関しての多くの情報の整理・提供など、共著と言ってもよいほどの協力を得た。心からありがとうと言いたい。

2020年7月

神戸市ポートアイランドにて　伊藤操子

目次

I 生活圏の雑草状況——悪化する植生

1. 深刻化する雑草問題

都市・市街地、農業地帯にわたって広がる私たちの生活と活動の場には、雑草がいっぱいだ。平面であれ、のり面であれ、舗装と一部の芝生など植栽に被覆された部分以外は、すべてを覆っているといってよいだろう。生活圏の環境は、この数十年の間に、地表面舗装の拡大と雑草繁茂の増大によって著しく劣化した。繁茂の旺盛な雑草の多くは、大型の多年生雑草であり、毎年同じ植生が続いている。

これらの雑草による害には、大きくは次の四つが挙げられる。

①本来の土地利用やインフラ施設の障害となる。

②生活者の環境や健康を悪化させる。害虫や病気の媒介、景観・美観の損傷など。

③植栽植物を衰退させる。植栽木の枯死や広場芝生の劣化など。

④生態系の循環機能に影響し、生物多様性を低下させる。

こうした害はここ数十年で明らかに深刻化しているが、これは日本人が長年の自然との共存の歴史から利便性の追求第一に舵を切った結果である。昔の状況を知っている人なら、田畑の畦畔が、そして鉄道や道路ののり面の植生が、かつていかに違ってきたか分かるはずだが、じわじわと進行する周辺の植物の変化に対し、私たちはいわば‘ゆでガエル’状態になっている。

緑地・非農耕地の雑草は、生活活動や生活環境に重大な影響を及ぼしているにもかかわらず、収量・品質ひいては収益に直接影響する農業場面の問題に比べ軽視されてきた。そして、科学的対応、すなわち、雑草や手法を理解するための知識の収集・整理と普及、問題の状況調査や評価、これらに基づいた管理システム構築などを怠ってきたのである。しかし、それでよいはずはない。

まず、問題はどのような場面とどのような雑草にあり、また何が問題を悪化させてきたのかを、あらためて総括する必要がある。

2. 対策が必要な場面は多種多様

対象場面の種類については、周辺を見渡しただけでも道路の路肩・のり面、鉄道の施工基面・のり面、河川の堤防・高水敷、遊休空地、耕作放棄地、

表I－1　雑草対策の対象となる緑地のいろいろ

管理水準	農林緑地	公共緑地	特殊・産業緑地	自然緑地
高	水田、畑作、野菜	庭園、競技場	ゴルフ場	
	工芸作物、林業苗畑	運動場	史跡、屋敷林	
	栽培芝		商業遊園地	
			集合住宅地	
	果樹園、茶園、桑園	都市公園	工業団地	
		基地、飛行場		
	畦畔	墓地	在来鉄道	森林公園
	牧草地、人工林	学校・病院他	高速道路	河川・湖沼
			高速鉄道	水路、海浜
		保安林、防災林	一般道路	河岸、湖岸
	耕作放棄地			山林、原野
低	施業放棄林		所有者不明地	自然公園

表Ⅰ－2　現在の生活圏での侵略的雑草の過去の利用実態

草種	過去の主な利用法
ススキ	屋根材（茎葉）、肥料（茎葉）、飼料（茎葉）、マルチ（茎葉）、火口（ほくち）（穂綿）
チガヤ	屋根材（茎葉）、肥料（茎葉）、飼料（茎葉）、マルチ（茎葉）、火口（ほくち）（穂先）、薬：むくみ、止血（根茎）
ヨシ	屋根材（茎葉）、よしず材（茎葉）、飼料（茎葉）、食用（若芽）
クズ	衣料（茎繊維）、デンプン（塊根）、薬：葛根（かっこん）（塊根）、食用（若葉）、飼料（茎葉）
ヨモギ	薬：外傷・止血・虫よけ（葉）、食用：草餅（葉）、染色（葉）
ヤブガラシ	食用（若芽・若いつる）、薬：腫れもの・虫刺され（根）
ヘクソカズラ	薬：毒虫（茎葉）、凍傷（果実）、利尿・強壮・解熱（根）
イタドリ	薬：虎杖根（こじょうこん）（根茎）、食用（若芽）
カラムシ	衣料（茎繊維）

大型畦畔や水路のり面、太陽光発電パネル・送配電設備など設置物の敷地、種々の境界フェンス・ガードレール・側溝沿い、公園・商工業施設・集合住宅などの管理不備緑地や隙間地、空き家の敷地内や周囲などと、じつに多種多様だが、緑地の種類ごとに整理すると表Ⅰ－1のようになる。

これらは、それぞれに求められる管理強度が異なり、管理目標についても雑草植生の全制御、選択的強害草制御、有用植物中の雑草の選択的制御などと場面の状況によって違ってくる。

3. 主な対象雑草は多年生

雑草が問題になる緑地・非農耕地で、害の大きさからも制御の困難さからも最もやっかいな雑草は、以下のような種類で、すべて占有面積拡大能力に優れる拡張型多年草（creeping perennials）である。

クズ、セイタカアワダチソウ、セイバンモロコシ、ススキ、イタドリ、ヨモギ、カラムシ、ドクダミ、チガヤ、ススキ、ヤブガラシ、スギナなど。

これらに共通の性質は一言でいえば「侵略的：invasive」ということだ。Invasive speciesとは、「他の地域から持ち込まれ新しい土地において蔓延して生態的・環境的・経済的に悪影響を及ぼす種」と定義される。つまり広義の「外来種」ということになる。

ところが、日本では、「侵入種；外来種」は国外から入ってきた種と認識され、とくに公的には、その生物が侵略的かどうかより国外由来かの方が問題にされる。しかし、雑草にとっては、国境は‘知ったことではなく’、何万kmからでも何kmからでも新天地（土地造成・攪乱地）に侵入し繁栄することは同じである。つまり、上記の侵略的雑草では、セイタカアワダチソウ、セイバンモロコシ以外は、数十年前までの長い間人里で日本人に親しまれ利用されてきた草種である（表Ⅰ－2）。

雑草環境の改善を目指すうえでは、住民も管理関係者も現在の状況がなぜ生まれたかを知っておくべきであり、これが日本人が日本の国土でしでかしたことの‘つけ’であるという認識を共有することが重要である。

4. 近年やっかいな雑草が増え続けている原因

生活圏での雑草の蔓延がますますひどくなっているのは、複数の要因の総合的作用である（図Ⅰ－1、図Ⅰ－2）。

1）直接的要因——雑草地の増加、草刈りなど

主に次の三つがある。

①全国的にみて雑草地（未利用地）面積そのものが増加した。その代表的なものは農業地帯における40万haを超える耕作放棄地（2015年現在）である。また、その他生活圏でも未利用地や空き家の放任雑草地などが増加している。

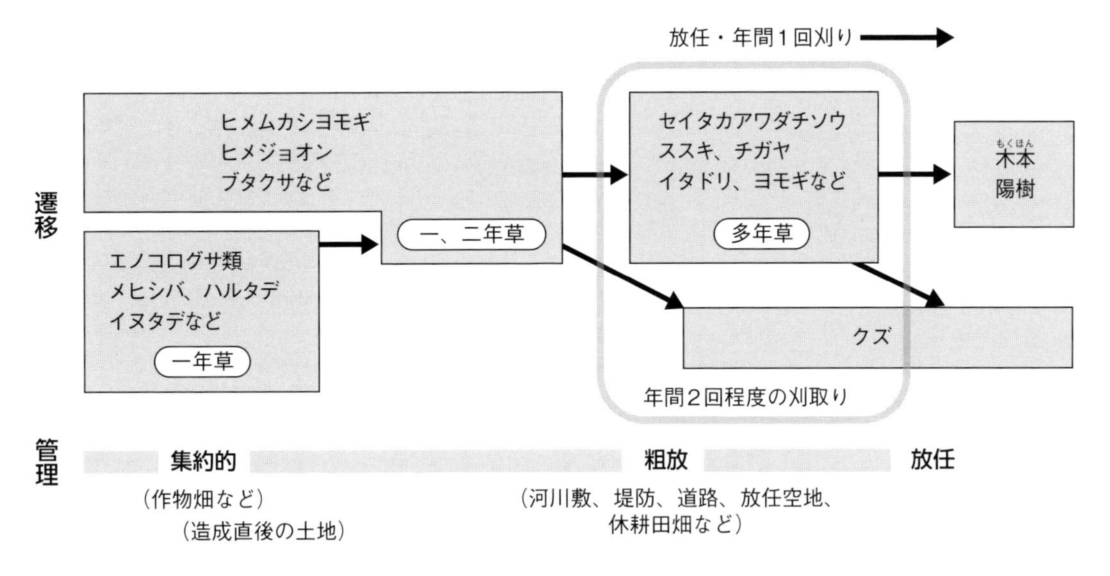

図Ⅰ－1　新造成地や耕地を放任した後の植生の二次遷移と人間の攪乱の影響

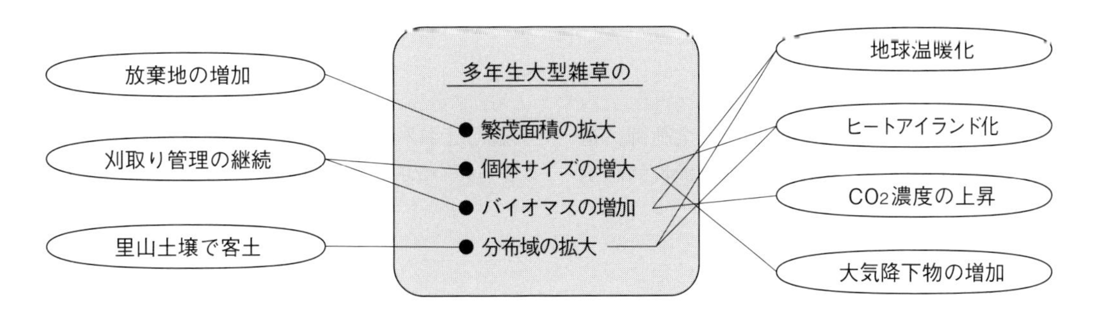

図Ⅰ－2　生活圏の中に大型多年生雑草の繁茂が増加した原因

②鉄道、道路、河川は全国で広面積の雑草植生を有しているが、それらのほとんどは年間春秋2回（場合によっては1回）程度の草刈りで一応清掃されている。しかし、この刈取りが多年生雑草の群落を維持し、さらに量をも増加させる傾向がある（詳細はⅣで述べる）。

③セイタカアワダチソウの全国的な拡散を招いた高度成長期ほどではないが、その後も新しい交通施設、大型レジャー施設などの整備が各所で行われている。その際、客土がなされることが多いが、その土壌はたいてい周辺の里山から持ち込まれるので、そこに生育していた大型多年草の根茎やほふく茎の断片が混入しており、これらが繁殖体になって新造成地に拡がることも多い。その典型はクズであろう。

2）間接的要因
――温暖化、二酸化炭素濃度上昇など

地球レベルの気候変動および地域での都市・市街地化の拡大による影響であり、具体的には温暖化、大気中の二酸化炭素濃度の上昇、大気降下物による土壌や水系の富栄養化などの環境変化が、個々の植物体の大型化（図Ⅰ－3）や種類の変化を引き起こしている。

①温度上昇は最も大きな要因であり、まず、冬期の低温期間が短縮されることから、多年生雑草の生育期間を長引かせ、当年の生長だけでなく貯蔵養分の蓄積量も増加させて、次年度以降の生長

図Ⅰ－3　河川敷でみられた巨大なギシギシと空地でよくみられる巨大なヨモギ

いずれも草高2m以上（人物は著者）

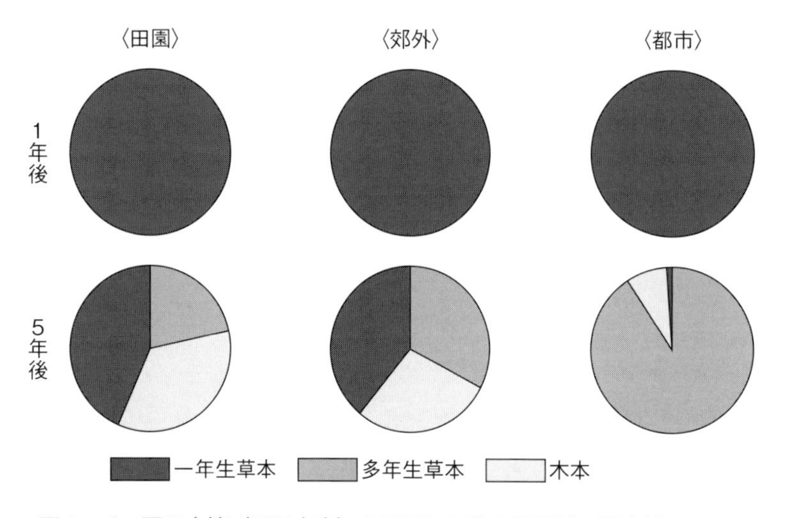

図Ⅰ－4　同じ土壌（田園由来）を配置した後の田園域～都市域での一年生草本→多年生草本→木本への遷移速度の違い

（Ziska & Dukes、2011より抜粋）

や分布拡大の促進につながっている。さらに、地球の温暖化によって、熱帯・亜熱帯植物の北上や温帯雑草であっても繁茂する領域の北方への拡大がみられる。

②地球温暖化問題で常に指摘されている大気中の二酸化炭素濃度の上昇に対する植物の反応は、雑草についても調べられており、多くの一年生・多年生雑草で個体生育量の増加が知られている。とくに注目されるのが多年草で、二酸化炭素濃度上昇で増加した光合成産物は地下部に貯蔵され、地上部に対する地下部の割合が20～40%も増えるということである。

③大気エアロゾルの窒素やリン降下物は、雑草の葉群に受け止められ土壌に流入する。そして、都市・市街地化の進行に伴うその増加も、雑草繁茂を促す大きな要因である。

④二次遷移の進行が早まっている。道路・鉄道ののり面、河川敷、堤防、空地や放任造成地、放棄田畑などで通常みられるのは多年草群落だが、近年、木本種の早期の侵入が各所で観察されている。

この問題に関しては、米国で興味ある試験が実施された。一年草しか発生していない田園の土壌を、田園地帯と都市に同時に移殖し放任状態で維持したところ、両所ともに多年生→木本への遷移が進行したが、後者ではこの進行がきわめて速く、5年後には木本種だけになってしまった（図Ⅰ－4）。

原因になったのは都市的要素、すなわち温暖化、二酸化炭素濃度の増加、降下物による富栄養化の総合作用であろう。日本は農業地帯といえども環境としてはurban（都市）的であることから、深刻な課題を突き付けられたかたちである。

なお、日本の雑草地の二次遷移における偏向遷移系列ではクズとニセアカシアが終着点とされているが、昨今日本中が夏から秋にクズで覆われているのも、鉄道や道路ののり面でニセアカシアが増加しているのも、遷移の進行速度が速くなったことを示しているのかもしれない。

Ⅱ　多年生雑草とは——やっかいな特性

1. 生活サイクルと繁殖戦略

草本植物は生活環の長さから一年生、二年生、多年生に分けられる。

一年生雑草には春に種子が発芽して栄養生長し夏・秋期に開花結実する夏雑草(夏生一年草)と、主に秋から冬に発芽して春に開花結実する冬雑草(冬生一年草、越年草)があり、なかにはほぼ通年発生する種(通年草)もあるが、いずれも1年以内に生活環を全うする。

これに対して、多年生雑草とは生活環が2年を超えるものである。基本的には種子繁殖、栄養繁殖および親株からの再生の三つのサイクルをもっており(図Ⅱ－1)、宿根性雑草とも呼ばれる。

種子繁殖と栄養繁殖へのウェイトの置き方は雑草の種類によって違いがあり、ヨモギ、セイタカアワダチソウ、チガヤ、セイバンモロコシなどではどちらの繁殖力も旺盛だが、ハマスゲでは種子繁殖はまれで、ヒルガオ類では通常種子を形成しない。

多年生雑草の生活史・繁殖戦略の根幹をなすものは、クローン生長である。これは、ラメット(同一起源の均質な遺伝情報をもち生物として独立して存在できる能力をもった形態上の単位:ラミート)、いわば株の形成である。この特性は、次の三つの生活史戦略として顕在化している。

①何年にもわたって生存できる(perennation機能):栄養器官(根茎など)にある芽から毎年生育開始時(たいていは春期)に茎葉を発生・生長させ、個体を存続させる。

②地上部を再生できる(regrowth機能):刈取りなどによる地上部の損傷・切除に対して、地際や地中にある栄養器官の芽から茎葉を発生・生長させる。

③栄養繁殖できる(vegetative reproduction機能):独立した栄養繁殖体(塊茎(かいけい)など)や栄養器官の断片(根茎断片、根断片)が繁殖体として機能し、個体数を増やす。

2. 基本構造とタイプ——拡張型と単立型

本書の各論では38種類の多年生雑草を紹介して

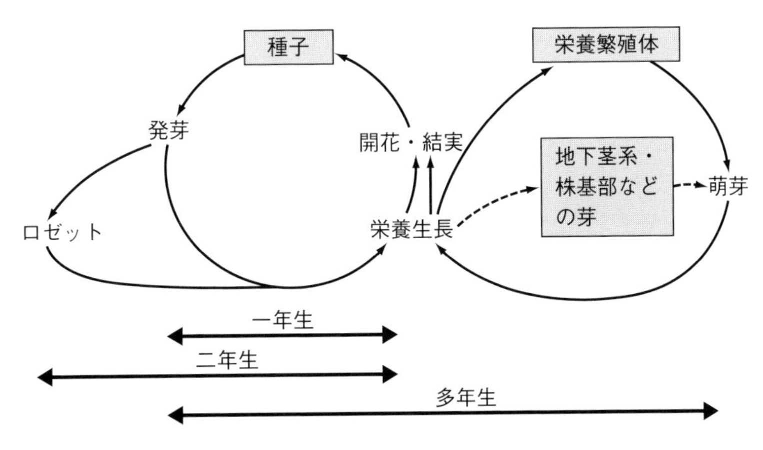

図Ⅱ－1　一・二・多年草の生活環

□新個体が形成されるもとになる器官

表Ⅱ－1　再生・栄養繁殖様式による多年生雑草のタイプ分け

形態		草種	再生器官	栄養繁殖体（様式）
拡張型	長い根茎で拡がる	セイタカアワダチソウ、ヨモギ、フキ、アキタブキ、イタドリ、オオイタドリ、ヒルガオ、コヒルガオ、ドクダミ、カラムシ、チガヤ、セイバンモロコシ、ヨシ、ネザサ、シバムギ、ワラビ	根茎の腋芽・頂芽	根茎断片
		スギナ、イヌスギナ	根茎腋芽	根茎断片、塊茎
		ハマスゲ	塊茎頂芽	塊茎
	短い根茎で拡がる	ススキ	根茎腋芽	（株分かれ）
	クリーピングルートで拡がる	セイヨウトゲアザミ、ハルジオン、ワルナスビ、ヤブガラシ、ガガイモ、ヒメスイバ、セイヨウヒルガオ	根生不定芽	根断片
	ほふく茎で拡がる	クズ、シロツメクサ、ヘクソカズラ	ほふく茎の腋芽・頂芽	クズではほふく茎断片
単立型	短縮茎をもつ	オオバコ類、ブタナ、スイバ	短縮茎の腋芽	（株分かれ）
		タンポポ類、ギシギシ類	短縮茎の腋芽	根断片、（株分かれ）
		スズメノヒエ類、カゼクサ、チカラシバ、メリケンカルカヤ	短縮茎の腋芽	

注）小型の草種（鱗茎、球茎をもつ種および根茎・ほふく茎をもつ種でも小型の種）は除いた

いるが、各種固有の特性がある。しかし、全体としてみると多年生特有の構造・機能上の基本的特性を共有しており、また、形態、再生・栄養繁殖機能からいくつかのグループに分けることができる。その区分を把握しておくことは多年生雑草への理解を深め、適切な対策を講じるうえで非常に重要である。

まず、構造上からは二つのタイプ、ラメット間の距離が長い拡張型（creeping perennial）とほとんどない単立型（simple perennial）に大別することができる。拡張型には地下を根茎あるいはクリーピングルートで拡がる種、地表をほふく茎で拡がる種があり、単立型はたいていの種では株基部の短縮根茎が多年生としての役割を果たしている（叢生型のイネ科多年草でも同じである）。各タイプに当てはまる雑草の種類や、再生・栄養繁殖の概要は表Ⅱ－1に示す。

なお、多年生雑草の地下部系・地下器官に関する定義や用語が確立されておらず、本書を著すにあたっては、米国の雑草学専門書にある英用語から造語するか流用する以外になかった。これらの詳細については、コラム1を参照されたい。

3. 地下拡張型の特徴

1）地下部の基本構造

多年生雑草の中で繁殖力が旺盛で大型種が多く防除が難しいのが、地下に細長い器官を伸ばして多くのラメットを生産する地下拡張型の雑草である。これに該当する雑草には、長い根茎による地下器官系をもつ種とクリーピングルート系をもつ種がある（図Ⅱ－2）。両者は混同されやすいが、これらの切断面を比較観察すれば組織的には茎である前者と、根組織である後者は簡単に判別できる（図Ⅱ－3）。

根茎は、いわば地上の茎から葉を除去し、その先端部（生長点）を土中で進行できるように鞘で覆い、全体を横に倒したような器官であり、地上茎と同様にある間隔で節が存在する。根茎では先端には頂芽が、節には腋芽があり（いずれも定芽〔決まった位置にできる芽〕）、越冬後や刈取りによる地上部損傷後のシュートの再生は、これらの芽の萌芽によっている（図Ⅱ－4）。

一方、クリーピングルート（creeping root）は日本では根茎と混同されているが（コラム1参照）、

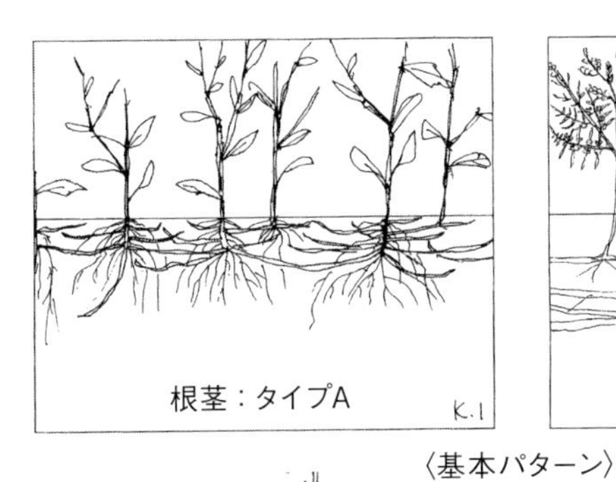

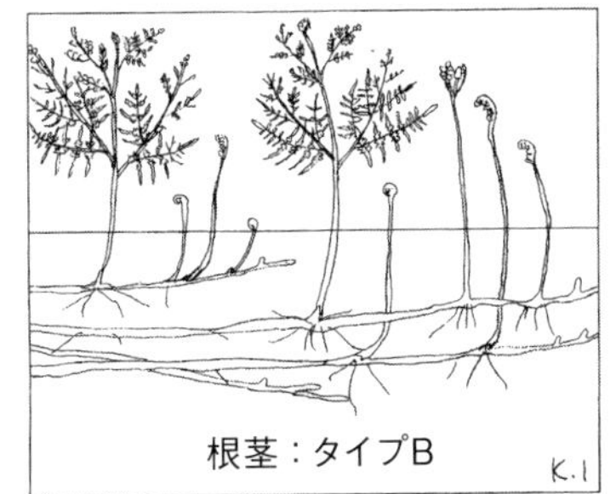

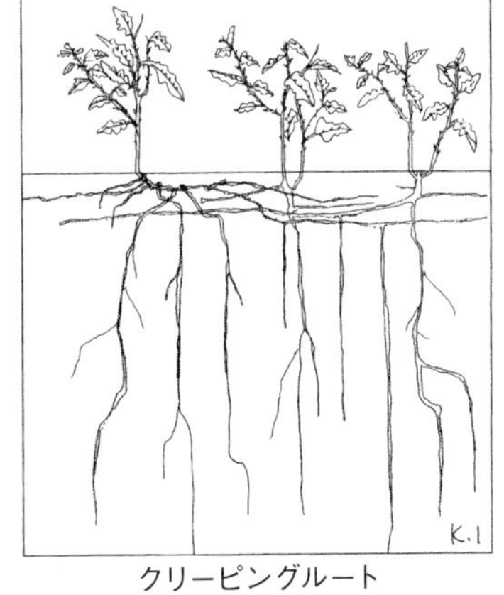

〈基本パターン〉

セイタカアワダチソウ、ヨモギ、イタドリ、フキ、カラムシ、チガヤ、セイバンモロコシ、シバムギ

スギナ、イヌスギナ、ワラビ

クリーピングルート

ワルナスビ、ヤブガラシ、ガガイモ、セイヨウヒルガオ

図Ⅱ－2　拡張型多年生雑草の地下部構造のタイプと主な該当草種

下線は図示した草種

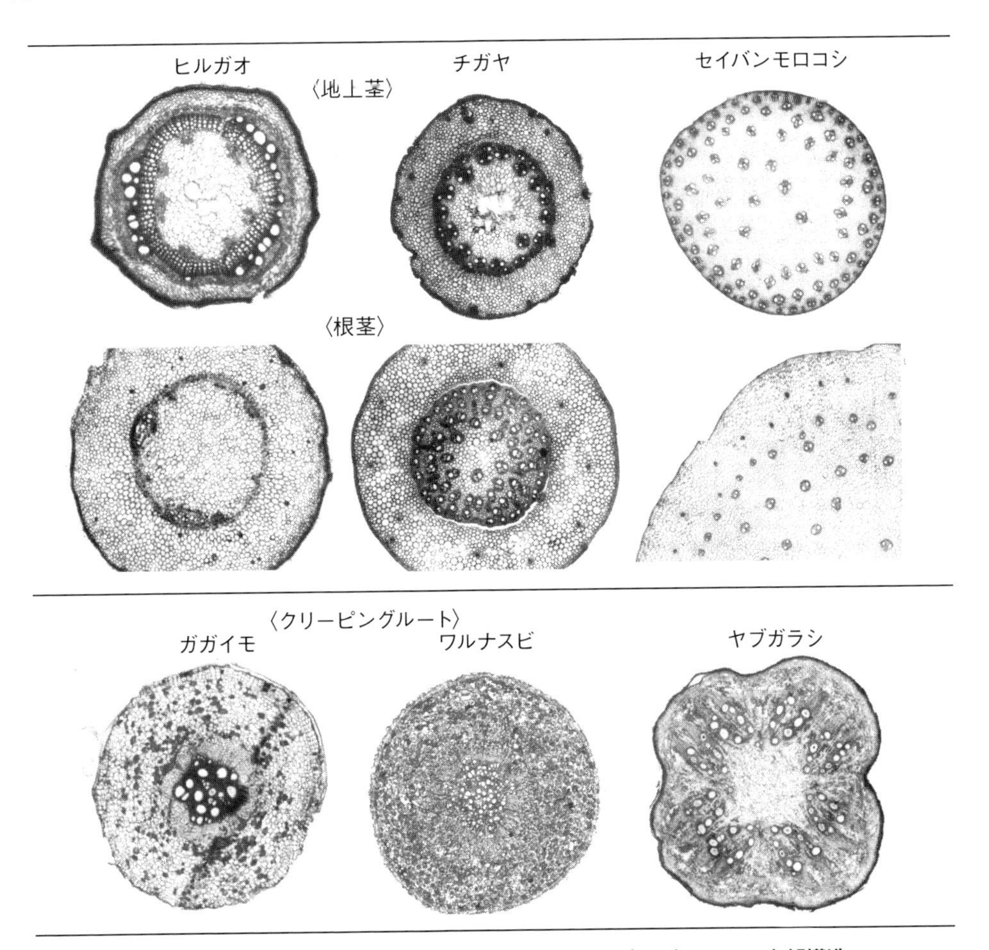

図Ⅱ－3　根茎雑草の根茎と地上茎およびクリーピングルートの内部構造

同じ茎組織である根茎と地上茎は維管束配置の基本構造が同じであるが、根であるクリーピングルートでは中心に向かって放射状に配置されている

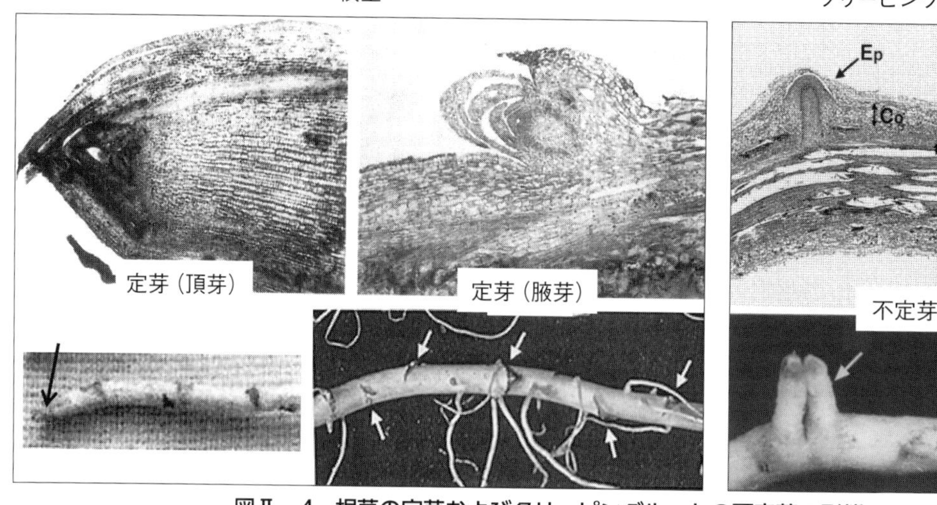

図Ⅱ－4　根茎の定芽およびクリーピングルートの不定芽の形態
根茎はセイタカアワダチソウ、クリーピングルートはガガイモを例示

根茎のような節と腋芽がないので外観的にも見分けがつく。シュートの発生は、根の内鞘付近に適宜分化し、表皮を突き破って出てくる根生不定芽による(図Ⅱ－4)。

組織的な違いなど、どうでもよいようにみえるかもしれないが、じつは茎と根の生理的機能の相違が、制御に対する反応（とくに除草剤に対する反応）に影響するので重要である。

〈根茎系〉

根茎系の構造と発達様式には以下の二つのタイプがある(図Ⅱ－2)。

タイプA：親シュートを中心に放射状に何本も根茎を（たいていは分枝もしながら）伸長させ、一定の時期になるとそれぞれの根茎の先端から子シュートを発生し、その子シュートを中心に同じことが繰り返される。そして、親と子をつなぐ根茎がやがて切れて、子シュートは新個体として独立する。このように、このタイプでは、根茎の発達は個体の中心でコントロールされているようにみえる。

タイプB：全く規則性がなく伸長するタイプで、偏った構造を示すシダ植物特有の発達構造である。根茎先端がそれぞれ状況を感じ取り、いわば‘てんでんこ’で伸長しているようにみえる。また、根茎先端が上向き出芽することなく根茎として伸長を続けるので、地上部から推定するより根茎の占有範囲は広い。

〈クリーピングルート系〉

たいていの種においてクリーピングルート系の基本形は、地下のあまり深くないところを水平に走る根と、その先端や途中から垂直に下降する根で構成されている(図Ⅱ－2)。

2）地下器官系の大きさと土中分布

〈根茎の生長〉

著者らの生育調査によると、すべての種で地上部より地下部の量の方が多かったが、とくにスギナでは5倍以上となった(表Ⅱ－2)。また、地下部の生長ピークは地上部より後に現れた。これは、地下部へと養分が送られるのが、地上部の生長によって光合成が十分盛んになった後になるからである。

驚くべきことに、地下部への養分移行は、地上部が枯れ始めてからも続き、このような地下部への貯蔵養分の十分な蓄積が、翌春の旺盛な萌芽・生長を支えていると考えられる。地上部・地下部間の物質分配の季節消長の詳細は、図Ⅳ－4に紹介する。

〈根茎・クリーピングルートの土中分布〉

地下部分布の深さは種によって大きく異なる

表Ⅱ－2　各種根茎雑草について根茎断片からの1シーズンの生育量事例

草種	地下部／地上部の重量比	根茎の総伸長量(m)	芽の数	
			頂芽	腋芽
ヨモギ	3.08	24.7	109	3,019
セイタカアワダチソウ	1.86	6.5	41	671
ドクダミ	1.58	15.1	86	931
ヒルガオ	4.28	11.7	150	846
セイバンモロコシ	1.37	2.4	15	174
チガヤ	2.32	7.5	35	723
スギナ	5.20	13.1	—	—

が、地上部の大きさとは全く釣り合っていない。

たとえば、草高2m近くになるセイタカアワダチソウやヨモギでは15cm深程度までと浅いのに対して、地上部が小さいスギナでは1m深に達することもまれではない。また、クリーピングルート系の分布は種に関わらず総じて深く、ヤブガラシ、ガガイモはもちろんのこと、ワルナスビやセイヨウヒルガオでも1m程度に達することは普通である(図Ⅱ－5)。

水平的な拡がりについても、通常、地上シュートの位置から類推されるより広い。とくにスギナ、ワルナスビでは顕著に広いことが観察されている。

4. 再生のしくみ

再生とは植物体(地上部)が損傷した後に、残った茎基部の節、地際の短縮茎、地下にある根茎節の定芽（腋芽および頂芽）や根の不定芽から、新しいシュートや葉を発生することである。

多年生雑草は、刈取りでむしろシュート数を増加させる傾向がみられ、地上部を失うことを利用して優勢化する適応戦略をもっているようにみえる。これは、植物生理からみれば、何も不思議な現象ではない。地上部（シュート）が順調に生育しているときには、その頂端部の発育中の頂芽がそれ以外のすべての芽の動きを抑制しており、この性質は‘頂芽優勢’と呼ばれる。

刈取りという行為は、シュートの頂端を確実に取り除くので、頂芽優勢は解除され、個体の残された部分（とくに地下や地際）に配置されている他の多くの芽に萌芽のチャンスが与えられるのである。

5. 栄養繁殖・拡散のしくみ

多年生の栄養繁殖には、全体として栄養繁殖体によるものとラメット間の分離による新個体の形

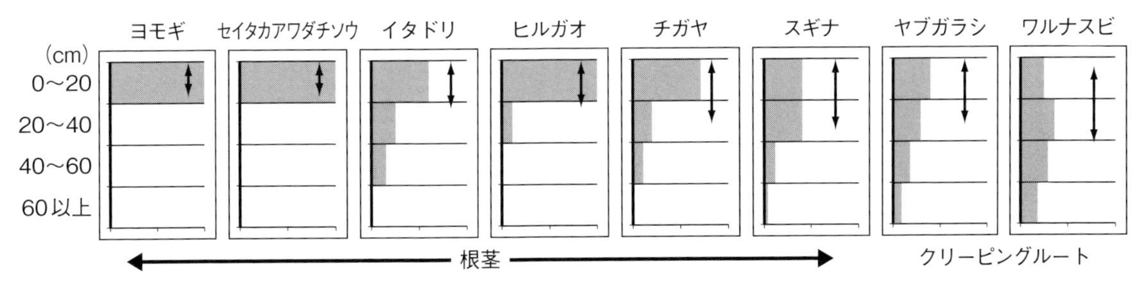

図Ⅱ－5　根茎およびクリーピングルートをもつ多年生雑草の地下部垂直分布およびシュート発生深度の比較
1m四方、深さ1mの無底コンクリート枠土壌に断片を植え付け、3シーズン生育させた後、地下部を層別に回収して生体重および地上シュート発生の有無を調べた
矢印は、シュートを発生していた深度を、グレー部分は地下部の深度別量分布を示す

成があるが、増殖力、拡散力という点からは前者が主体である。

栄養繁殖体というと塊茎、鱗茎などの繁殖器官としてまとまったものを思い浮かべるが、実際に緑地・雑草地で繁殖体として重要な役割を担っているのは、断片化した根茎・クリーピングルート・直根である（ただし、ハマスゲでは塊茎〔根茎の節間が短縮し肥大した器官〕が、スギナでは根茎とともにところどころに付着している塊茎も離脱すれば繁殖体になる）。これらの断片は、たいていの種で好適条件下では90%以上萌芽可能で、萌芽能力は季節（とくに秋冬期）に低下したりなくなったりする種もあるが、通年高い能力を示す種も多い。

栄養繁殖体の役割は、その種の集団の占有範囲を補強すること、および種子と同様に新天地への拡散の媒体となることである。断片化は耕起、土の採取、植栽のための掘り起こしになどによって起こる。畑の雑草にもなっているヒルガオ、スギナなどは耕起によってできた断片で増殖する。

また、遠隔地への拡散・侵入については、客土や植木の根鉢土壌、芝ソッド（切り芝）などへの原生地での混入によることが多い。たとえば、ツツジを植栽した周囲にワルナスビが、補植した芝生にチガヤが、周囲にはないのに突然に発生するのが観察されたりする。

地下部ではないが、クズでは種子繁殖力が低いので、ほふく茎が重要な繁殖体である。越年茎、当年茎の発根節をもつ断片からは容易に新個体が生まれる。都市やその近郊の新しい大型施設や鉄道・道路の盛土のり面などにクズが大繁茂することになるのは、茎の断片が客土に混入して運び込まれるからであろう。

単立型広葉多年草のタンポポ類やギシギシ類の直根断片も、萌芽・発根力が高い。タンポポ類ではどの部分からも、ギシギシ類では上部5cm以内なら簡単に萌芽する。

コラム1　多年生雑草に関する基本用語の定着を期待

多年生雑草に関する記事を執筆する際には、日本の専門分野（雑草学）において「用語」や「概念」があいまいであることが、常に悩みの種であった。とくに、少なくとも米国では雑草関係の専門書や図鑑で定着している以下の用語（や概念）が、日本では未だに存在しないか、あいまいか、誤用されているかというのが現状である。

緑地・非農耕地の雑草管理において重要な用語にこのような混乱があるのは非常に残念なことなので、本書を通じて著者なりに当てはめてきた用語と基本概念が周知されることを期待している。

〈creeping perennial＝拡張型多年草〉

根茎、クリーピングルートあるいはほふく茎によって横に拡がる多年草のこと。

〈simple perennial＝単立型多年草〉

まとまった株を形成し、横に拡がる性質をもたない多年草のこと。

〈rhizome＝根茎；ライゾーム〉

俗に地下茎と呼ばれることも多いが、地下茎（subterranean stem）とは正確には、組織形態的に茎構造をもつ地下器官であり、根茎、塊茎、球茎、鱗茎を合わせた総称である（原 襄、1994）。

根茎（ライゾーム）とは通常地中を横や斜めに長く伸びる茎（ほふく根茎）のことを称すが、厳密にいうと、地上に出るシュートの地中部分や単立型多年草の短縮茎も根茎である。

〈creeping root＝クリーピングルート〉

日本では著者が紹介するまで存在していなかった用語で、まだ定着しているとはいえない。

米国中東部の穀倉地帯では多年生の広葉雑草はすべてcreeping root（creeping rootstockともいわれる）系といっても間違いなく、rhizomeと同様に普及している語である。日本でもヤブガラシやワルナスビなど制御の対象として重要な種が含まれている。

Ⅲ 雑草管理の基本とは――踏むべき手順

周辺の緑地・非農耕地の雑草への管理者の対処は、たいていの場合、「毎年の慣行作業だから」「クレームがあったから」「汚い・目障りだから」といったことで、とりあえず場当たり的清掃作業として除草しているのが大方の現実である。そして、旺盛に繁茂する雑草に対して後手後手にまわっている。

しかし、雑草管理には必ず踏むべき基本的手順がある。社会・経済的要素への必要以上の気遣いなどもあるだろうが、それを払拭するにも基本を外さない次のような合理的・科学的な手順が、各場面において求められるのである。

①その場面の雑草問題の何を排除したいのか、管理の目的を明確にする。

②雑草を当面ならびに最終的にどの程度にしたいのか、管理のレベルとゴールを明確にする。

③関係要因に関する情報を収集する。

④目的、レベル、ゴールを利害関係者（ステークホルダー）で共有する。

⑤ゴールを達成するための管理プログラムを設定する。

⑥管理開始後は定期的に現状を確認し、管理プログラムの修正・見直しを図る。

1. 目的の設定――何が問題か

私たちの周辺には、生産緑地、環境緑地、公共緑地、特殊緑地、商業緑地などと称される様々な植生地（雑草地も含む広義の緑地）および多くの放任雑草地が存在するが、それらは場面の種類によって管理の目的が異なる。

たとえば、鉄道の施工基面や道路の路肩の大型雑草は見通し不良などのために除去する必要があるし、これらののり面（ほとんどが雑草植生）では、より良質な雑草による被覆を維持する必要がある。一方、送配電線、太陽光発電パネル、重要施設のフェンスといった設備の敷地は雑草の完全な除去が求められる。

しかし、雑草が起こす問題は、このように分かりやすいものだけでなく、社会・環境的視点で見ると、じつに多様である。まず、その地域の利用者が顕在化している問題やリスクに気づくこと、そして、それを排除する行動に出ることが重要である。以下に、考えられる雑草問題を列挙する。

- 道路・鉄道における運行上やフェンスの見通し不良、河川低水路の水流の妨げになるなど、施設・設備の利用や管理業務を妨害したり、設置物に被害を与えたりする。
- 樹木、植込み、芝生などの植栽の生長を阻害する。とくに夏期の水分競合の結果、芝生や街路樹の一部、ときには全体を劣化させたり枯死させたりしている例は多々見られる。
- 美観・景観を損ねる。雑草植生もたしかに緑に違いないが、問題は質であり、大型の草本がごちゃごちゃに込み合っているさまは景観としては受け入れがたい。
- 健康被害・怪我の原因になる。花粉症・アトピーの原因、トゲや硬い茎葉による傷害、つるによるつまずきなど、いろいろある。
- 衛生上の問題を生じる。蚊をはじめ衛生害虫の発生源や生活場所（餌）を提供する。ゴミ捨て場を提供している。
- 安全・防犯上や災害などの問題もある。雑草放任場所では見通し不良による治安の悪化や犯罪の温床になり、捜索の妨げにもなる。
- 生態系への悪影響や生物多様性の低下をきたす。特定の雑草種の優占化や外来種の侵入・定着が昆虫相、微生物相の変化および多様性の低下につながる。
- 近隣の農作物や有用樹木の害虫の餌や寄主に

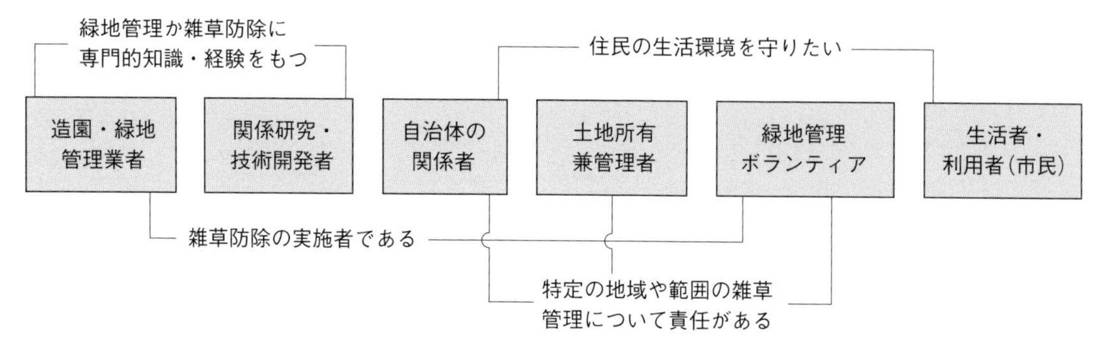

図Ⅲ－1　緑地雑草管理の利害関係者の種類

なる。

- ・獣害の原因となっている動物に餌を提供する。クズの塊根は冬期のイノシシの餌になり頭数増加につながっているようだ。
- ・刈取りの廃草の焼却処理により二酸化炭素排出量が増大する。
- ・雑草を処理するために膨大なコスト・労働力を費やすとともに、作業者を危険にさらす。とくに鉄道のり面（勾配1：1.5～1：1.8）・道路のり面（1：1.5）および基盤整備によって形成された水田大型畦畔では、急傾斜地の作業になり危険度が大きい。
- ・雑草問題が住民間のいざこざやストレスを引き起こすこともある。

2. 関係要因に関する情報収集

緑地・非農耕地の雑草管理は、目的や配慮しなければならない事柄が場面や地域で異なる各論的な側面が強いので、計画段階で関係する要因は何と何であるかをよく見極め、それら各々について確かな情報収集をしておく。とくに次の四つの関係要因（管理の制限要因ともいえる）を把握しておく必要がある。

1）雑草の種類と発生状況

対象場面について、まず全体の様相を知るために主要雑草についての種類の特定、一・二・多年生の区別、優占度合いなどを把握する。次に、対策を進めるうえで必ず除去すべき標的雑草を特定し、その位置や面積、分布の様態などを調査しておく。

2）利害関係者

管理目的が明確で利害関係者（ステークホルダー）が限定されている農耕地と比較して、より多様だが、意外にこの点についての意識や分析が十分でない場合が多いようだ。立場の違う関係者間（図Ⅲ－1）では、雑草への問題意識の度合い、問題を感じるのはどの場面かなどに関して大幅に違いがあることが、アンケート調査などからも裏付けられている。

このことは、一律なマニュアル依存の管理が適切でないこと、各場面で関係者ができるだけ意思疎通を図り、満足できるところに目標を立てることの大切さを示している。しかし、その意思疎通が意味をもつ前提は、「生活者・利用者」は雑草問題について、「管理関係者」は雑草管理について、危機意識と科学リテラシーを高め共有していることである。

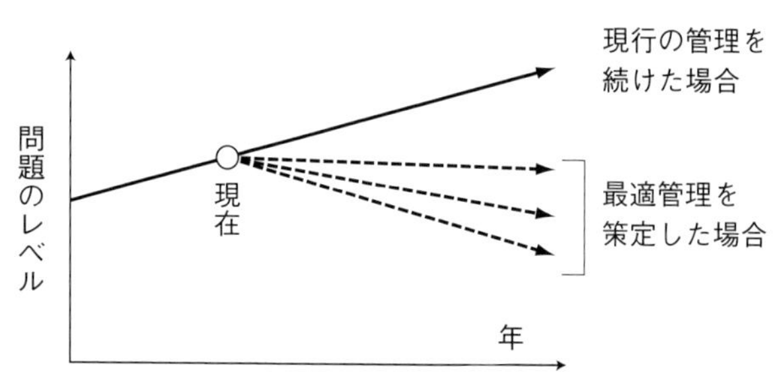

図Ⅲ－2　現行の管理継続では雑草問題のレベルが上がっていく

現在のレベルを維持するためでさえ最適管理の模索が必要である

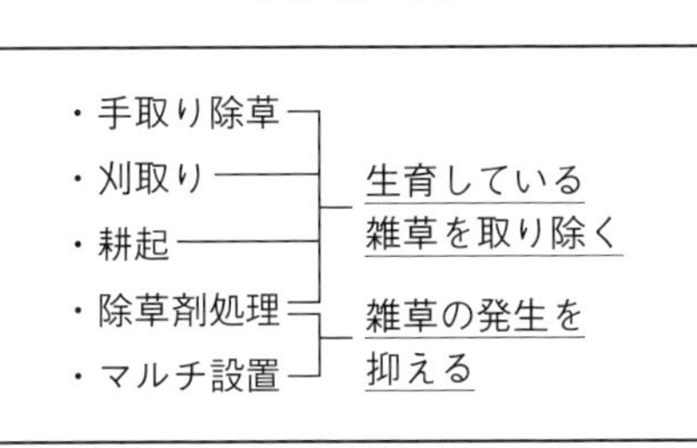

〈間接的手法〉
（予防的防除）

・周辺部の雑草防除
雑草の侵入を阻止する
・種子生産前の耕起・刈取り
雑草の潜在量を減らす
・雑草フリーの苗・資材の使用
雑草感染源を防止する

図Ⅲ－3　雑草管理の手段のいろいろ

3）使用できる労力・コスト

管理計画策定の際の制限要因になりうるので、正確に把握しておくことが必要だ。対象の雑草植生がやっかいな多年草であること、環境がますます雑草繁茂を促す方向に進んでいることから、これまで通りの管理（たとえば年間1～2回の刈取り）を継続すれば、雑草問題のレベルは必ず上昇していくという想定が成り立つ（図Ⅲ－2）。

これを阻止するためには、これまで以上のコストや労力がかかると思われがちだが、科学的に対処することで、現在のコスト以内での雑草問題の低減は十分可能であるという前提で検討すべきである。戦う相手（雑草）と使える武器（制御手法）について科学的・合理的に理解し、最適管理の実施（best management practices）をすれば、できるはずだからである。

4）管理による環境負荷

それは除草剤の飛散だろうなどと短絡的に考えられがちだが、他のツールにもそれぞれにリスクが存在し、たとえば、機械刈りでは大量の廃草処理のための運搬・焼却による二酸化炭素の発生や刈取り作業（とくに急斜面の刈払い）の危険が問題であり、防草シートの廃棄にも環境負荷が生じ、被覆植物の適用でさえ周辺環境へのエスケープの心配がある。これらは公平に評価されなければならない。

3. プログラムを作成し計画的に

先に述べた関連情報（雑草、労力、コスト、周囲への影響など）を勘案して決めた管理のレベルとゴールを利害関係者で共有できれば、次に管理計画の策定の段階になる。

難防除大型多年草中心の植生を制御し、望むゴールに到達するには、間違いなく複数年を要するので、中期（場合によっては長期）的管理プログラムを作成して臨まなければならない。そして、見直し・修正をしながら進めていく。なぜなら、雑草は各管理手段に非常に鋭敏に（賢く）反応するので（植生の組成が大きく変わるなど）、それらをすべて事前に察知することは不可能だからだ。

管理には直接的手法と間接的手法がある（図Ⅲ－3）。後者は、いわば対象場面の雑草の潜在量を下げるための予防的防除であり、これも非常に重要である。一方、直接的手法には機械的手法（刈取り、耕起など）、化学的手法（除草剤・生長調節剤の利用）、地表被覆（シートマルチ、地被植物の利用）などがある。

詳細はⅣ、Ⅴ、Ⅵで紹介するが、それぞれの手段には他で代替できない特色がある。したがって、除草剤施用と機械刈りのコストや労力を単年度で比較して管理法を決めるような、単純な比較優位的発想は全く誤りである。

つまり、目的を達するためには、各手段を時間的・空間的に組み合わせることで、それぞれの特色を適材適所に活かす管理プログラムを設定するという、統合型管理（Integrated Weed Management）の発想がなければならない。それには、雑草と手段に関する科学的知識が必要である。

Ⅳ　管理手段その1——機械的手法

汎用されている機械的手法は刈取り、耕起（耕耘）が主なものだが、その他、掘り取り、抜き取り、引きはがしなどの手動の手法も含まれる。

多年生雑草は基本的には、刈取りでは地下部の芽からの再生を促し、耕起では根茎などの断片化で繁殖体を増やし拡散させる方向に反応する（図Ⅳ－1）。しかし、対象雑草、実施時期や回数によっては影響がかなり異なるので、雑草の反応に関して理解を深めることが、状況を悪化させない、あるいは、よりよくすることにつながる。

1. 刈取り・刈払い

多年生雑草が刈取りにどう反応するかは、緑地・非農耕地の雑草管理上、非常に重要な問題である。なぜなら、今日、公共用地である鉄道・道路・河川・公園などの敷地やのり面(畦畔を含む)のほとんどが清掃作業（ゴミ掃除）的感覚で慣習的に刈り取られているからである。放任空地や耕作放棄地でも繁茂が著しいとときどき刈り取られる（図Ⅳ－2)。そこには、多大なコストと労力の無駄があるだけでなく、膨大な廃草の処理（運搬と焼却）による環境負荷という大きな負の要素もある。

さらに問題は、対象物がゴミではなく雑草という生き物の集団であるところにある。この清掃作業の計画者にも実施者にも‘ゴミ’は毎年同じに映っているようだが、実際には多種多様な特性をもつ個々の雑草が、地上部の切除ということに様々に反応することによって、植生の中身（種類やバイオマス〔生物量〕）は年々移り変わっているのである。ここでは、刈取りと多年生雑草の関係を扱った試験研究例が少ないなかで、その理解に資すると思われる情報を紹介したい。

1）刈取りは何のために行うのか

刈取りとは草の茎葉を除去する手段であり、植生の目に見えている部分の‘一時的’クリーンアップ（清掃）ともいえる。つまり、すぐに元の雑草植生に戻るわけで、実際、除草剤処理や防草シート敷設によって雑草が消失したのを目にしたことはあっても、刈取りによってすっかり裸地になってしまったことなど誰も見たことがないはずである。

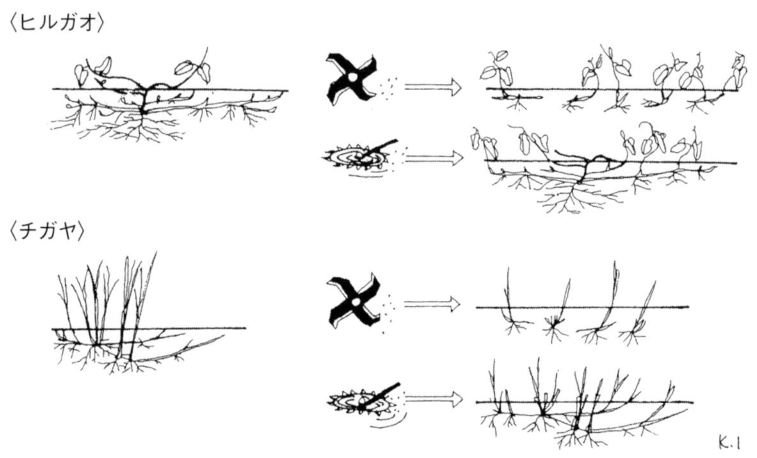

図Ⅳ－1　根茎型多年生雑草の機械的手法（耕起、刈取り）に対する基本的な反応のイメージ

高頻度の刈取りには、多年生雑草でも地下の貯蔵養分を使い果たし衰退するという考え方は成り立つが、少なくとも地下部量が地上部量の何倍にもなっている根茎やクリーピングルートをもつ雑草種の個体では、その可能性はきわめて低い。では、刈取りの意義はどこにあるのだろうか。

確かに景観の一時的改

図Ⅳ－2　雑草（クズ）の‘清掃’風景（伊藤、2011より転載）

善、空地でのイベント開催などのための短期間の雑草植生の排除、あるいは有害植物（花粉症原因雑草、傷害雑草、有毒雑草など）を一定期間除去するのには便利な方法である。しかし、これらは雑草制御の目的としては限定的であり、雑草群落はすぐまた元の様相を呈することになる。つまり、刈取りの本来の役割は、雑草の制御（防除）ではなく、雑草植生の‘維持管理’なのである。

しかし、維持管理は清掃作業の繰り返しではない。よい状況を維持するには、雑草植生が刈取りの繰り返しで質・量ともに変化していくことを念頭に置かなければならない。そして、変化の方向性を決めているのは雑草の種類、刈取り頻度（回数）および時期である。

2）刈取り回数・時期に関する事例

報告されている主な事例を以下に示す。

セイタカアワダチソウの優占する群落では、年間3回以上の刈取りで同種の割合が大きく減少し、種組成が多様化する。時期については、7月および8月の刈取りで茎数が無刈取りより増加するが、8月刈りでは地下部の蓄積量が大幅に減少する（表Ⅳ－1）。根茎系の様相・生育期ともに類似しているヨモギにおいても、この傾向はほぼ当てはまるようである。実際7月刈取りでは、根茎およびシュート基部の腋芽の萌芽が促され、茎数が増加した（図Ⅳ－3）。

一方、イネ科多年草の刈取りへの反応は草種間で様々である。チガヤは刈取り後の生産量の高低差が小さく、春～秋にわたって強い再生力を呈し、年間3～4回の刈取りでチガヤ群落が維持される。一方、ススキは春～初夏に2回以上刈り取ると衰退する。これは、この時期が貯蔵養分を使い切った時期であること、翌年のシュートになる芽が形

表Ⅳ－1　セイタカアワダチソウの生育に及ぼす刈取りの影響
（前中、2001より作成）

刈取り時期	草高		花序形成	地上シュート数	地下部の蓄積[1]
	刈取り時	生育終時			
6月	100cm	80cm	正常		94
7月	140cm	70cm	正常	増加	97
8月	180cm	60cm	小型化	増加	67
9月	200cm	20cm	なし		100

注　1）生育終了時の地下部現存量。9月刈取りに対する比数

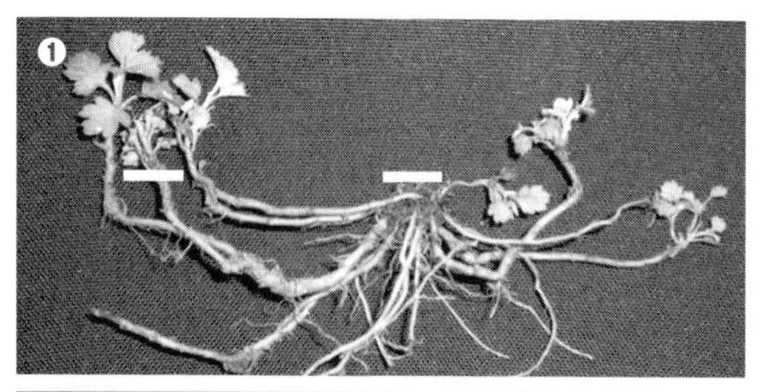

①再生茎数：2本→6本に
1本：根茎腋芽から
5本：根茎頂芽から

②再生茎数：4本→9本に
6本：茎基部腋芽から
2本：根茎腋芽から
1本：根茎頂芽から

図Ⅳ－3　7月刈取り後のヨモギの再生による茎数の増加

横棒は刈り取られた位置

成される前であることによると考えられる。ヨシも7月末～8月の1回刈りで衰えることが知られている。セイバンモロコシは1回の刈取りでは生育量は前年より増えるが、2回以上だと回数が多くなるに従い減少する。ただし、生育期間は長引き、種子形成も長期にわたる。

クズ植生（純群落やクズ優占群落）に対する刈払いの実施は、作業の難しいのり面が多いこともあって、通常年間1～2回である。この限りでは、クズの繁茂量は年々増加する。その理由は、地表を縦横無尽に這うほふく茎（越年茎・当年茎）の節から多くの新茎（つる）が再生し伸長するからである。また、刈払いは同時に地表のほふく茎をある程度切断してしまうので、断片化された茎（発根している）が栄養繁殖体となって多くの新個体が形成される。

3）生長の季節消長からみた刈取り時期

年間2回程度（最近は1回の場所も増えている）の慣習的刈取りの継続が、今日のクズ、セイタカアワダチソウ、セイバンモロコシなどの大型多年草の大繁茂という状況発生の原因なのは間違いなく、今後も継続されれば、ますます状況が悪くなるのは目に見えている。しかし、コスト・労力の限界から、刈取り回数を大幅に増やすことは難しい。したがって、残された選択肢は適切な時期の刈取りである。

残念ながら、この件に関する情報も非常に少ないが、多年生雑草全体に共通する生長の季節的消長、とくに地上部／地下部の量的バランスの変化（図Ⅳ－4）から刈取りの適期と不適期を推定することはできる。適期の判断の基準になるのは、当年のシュート再生量よりも翌年以降の生長を左右する地下器官での貯蔵養分の蓄積量であると考えられる。

第1のポイントは、地上部の生長がかなり進み、茎葉に蓄積された養分（糖）の地下部への移行が旺盛になり始める時期（養分転換期）である。この時期に刈り取られると雑草は地下部へ送る物質を失うだけにとどまらず、新地上部再生のためにさらに地下部の貯蔵養分を使わなければならない。スギナを除く大半の根茎雑草にとって、この時期は7月下旬～8月頃の1か月余りである（スギナではもっと早い）。実際、セイタカアワダチソウの8月刈取りでの地下部の蓄積が大幅に減っている（表Ⅳ－1）。

さらに、第2のポイントとしては、地上部が生長停止し老化しつつある時期（10月下旬～11月にかけて）ではないかと推定される。この時期の地下部への物質移行は予想外に盛んなのである。以上から、2回の刈取りができるなら、推定の域を出ないが、養分転換期直前と生長停止直後が適当ではないだろうか。

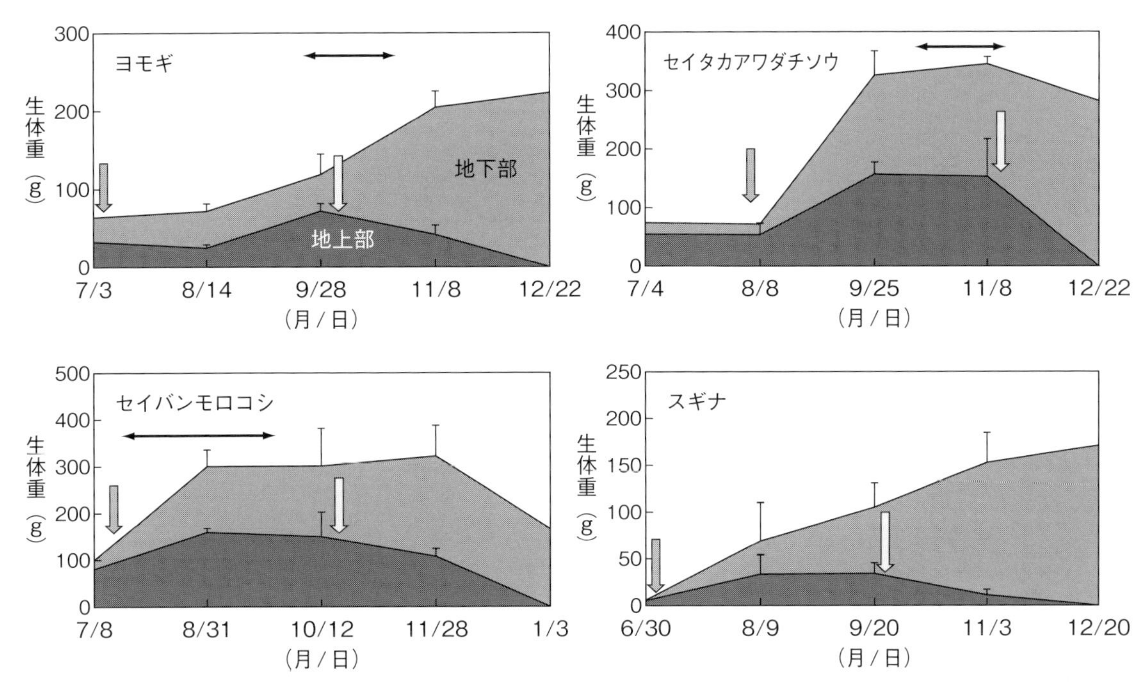

図Ⅳ－4　根茎系をもつ多年生雑草の生長の季節消長の例

季節の終わりに向けて地下部の著しい増加が確認される
←→ は開花（出穂）結実期
灰色矢印は、地下部への養分移行が盛んになる養分転換期
白矢印は、老化を開始した地上部より地下部への養分移行が始まる時期

4）イネ科中心の植生への移行と刈取り

畦畔、鉄道・道路などののり面保全に最適の植被は多年生イネ科植生である。栽培植物ではシバ類の利用ということになるが、雑草でもチガヤが優占する群落などが適している。

その理由は、イネ科雑草は広葉雑草に比べて細根がよく発達して土壌をしっかり捕縛するとともに、葉群間の隙間が多いため土壌が倦(う)まないことから、土壌流亡の防止に有効でかつ景観的にも優れているためである。のり面だけでなく平面の空地であっても、あまり草高の高くないイネ科草種が優占することは景観上望ましい。

刈取り回数が4回以上になると群落中のイネ科雑草量の割合が著しく増加するという報告がみられる。かつての畦畔のり面で美しいチガヤ群落がよくみられたのは、長年適度な回数の刈取りが繰り返されてきたからと思われる（冬期の草焼きも有効に働いた）。

様々な種類の前植生に対して何時何度刈り取ればイネ科植生が誘導できるのかについては情報不足で、今のところは各自が各場面で試行錯誤を繰り返して方法を確立していく以外にない。しかし、偶然ではあるが、現実に広葉多年草中心の群落が2年でかなり美しいイネ科群落に変わったという事実（コラム2）は、その可能性を示すものである。

2. 耕起

多年生雑草への耕起の影響は、侵入・定着初期までと定着後とは全く異なっている。前者についていえば、年間2、3回の耕起・耕耘（播種前および中耕）のある普通畑や野菜畑では、通常、多年生雑草は定着しない。根茎などによる周囲からの侵入や栄養体断片の持ち込みが一時的にあったとしても、耕起と耕起の合間に個体が定着できるに十分な地下器官系を発達し得ないからである。

しかし、個体が少数でも定着してしまった（1年

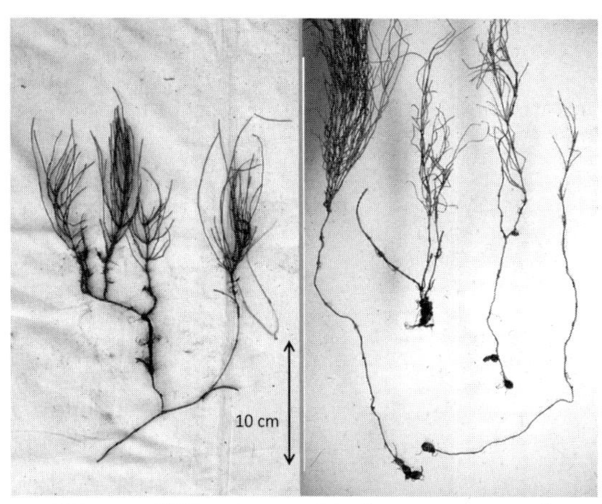

図Ⅳ－5　耕起によってばらばらになったスギナ地下茎から発生した個体（トウモロコシ畑、北海道十勝）

左：根茎断片から、右：根茎から離脱した塊茎から

図Ⅳ－6　セイタカアワダチソウ群落の放棄地を6月に耕起した後、切断片から多量に発生した新個体の様相

以上存在している）ところでは、耕起は通常、これらの植物の増殖を促す方向に働く。なぜなら、地下器官を断片化して繁殖体を増加させ、さらにそれらを拡散させるからである。断片化が問題になるのは根茎やクリーピングルートをもつ草種が多いが、単立型でも直根に不定芽形成力のあるギシギシ類などでは耕起で拡散し分布を拡げる例も観察される。

北海道の畑作地帯では、スギナは畑の周囲には繁茂していても内部に入ることは少ないが、一部の畑ではスギナが雑草化している。それは、輪作体系の中での牧草の期間やムギの作付け期間があり1年以上耕起がされなかった後の、次期作（ダイズ、トウモロコシなど）の一年生作物圃で起こっている。そして、一旦定着すれば地下部が耕起・中耕で切断され、多くの新個体が発生する。

根茎の断片では約20cm深まで、また根茎から離脱した塊茎ではさらに深いところからもシュートを発生させる（図Ⅳ－5）。また、根茎は耕耘機に絡んで移動するので、その進行方向に沿って分布を拡大する。スギナだけでなく飼料作物畑のヒルガオ、採草地のワルナスビなど地下拡張型草種が一旦侵入すれば、急速に蔓延し手がつけられなくなることが多い。

耕起という操作は、基本的にそこに生育している多年草の増殖を促すと述べたが、これは実施時期によって大きく異なる。つまり、耕起は蔓延の引き金になることも、制御に役立つこともあるということである。

好ましくない時期としては、春期から梅雨期の温度・土壌湿度条件が萌芽・生長に好適な時期である。6月初めに耕起されたセイタカアワダチソウの純群落では、梅雨期を経て、根茎断片のほとんどから新個体が形成された（図Ⅳ－6）。

一方、冬期の耕起は、ばらばらにした栄養繁殖器官を低温と乾燥にさらして枯死させるために、多年生雑草の制御に効果があるという声が多い。とくに、晩秋期に実施すれば、切断の刺激によって活性化された芽が確実に枯死する可能性が高く、より効果的だろう。

さらに、各草種の特性を理解しておくと、より高い効果が得られるであろう。たとえばヒルガオでは、10月の秋耕で翌年の個体数は増えるが個体サイズは減少するので、全体としては制御効果があるが、11月中旬の耕起では根茎内の養分が耕起層より深いところに位置する根茎先端部へすでに移動しており、効果は低下するということである。

3. 手取り除草

手取り除草としては掘り取り、引き抜き、引きはがしなどがあり、小規模なところではこうした人力除草が試みられる場合がある。しかし、地下拡張型多年草をこの方法で根絶させることはまず不可能である。なぜなら、どの部分も残さず完全に掘り取ること自体が無理なので、残存する断片の芽から必ず再生する。

単立型（叢生型）でもイネ科では、株基部を完全に取り除く必要があり、株が大型化している場合や数が多い場合は、かなりの労力を要する。広葉の単立型草種でも、基部短縮茎は3cm程度の深さまであることが多いので、その程度の掘り取りは必要である。また、直根をもつ単立型で直根に不定芽形成力をもつ種では、掘り取りはあまり役立たない。ギシギシ類では、5cm以上掘り取れば制御できるが、大小個体が密生していることが多いので大変労力がかかる。

クズなどのほふく茎の引きはがしも完全な防除にはなりにくい。なぜなら、一部の残った茎（節根がある）から再生するからである。

以上、総じて言えることは、手動で多年草と戦うことは難しいということである。

コラム2 刈取りで望ましいイネ科植生にできる？

刈取りで雑草組成がどう変わるか、どんな草種への交代が起こるかについては、現在も確とした情報がほとんどない。そもそも、除草剤処理などの場合に比べて予測しにくい。

しかし、草高があまり高くない状態のイネ科植生は、土壌保全が必要なのり面だけでなく平面でも景観的に美しく望ましいものであり、空地などの雑然とした雑草繁茂を刈取りでこれに変換できればという期待も湧く。

刈取り回数を増やすとイネ科が優占してくるという報告は、草地管理の分野ではみられるが、雑草地の刈取りについてむやみに回数を増やせる現状でもない。結局、回数と時期とが上手く適合して働くポイントを各場面で模索していくことになるだろう。しかし、ここで断言できるのは、雑草地を刈取りでイネ科植生による被覆に変換するのは可能だということである。

写真で紹介するのは、著者のごく身近なところでの観察である。2019年10月初旬現在においても、まだ良質なイネ科植被が維持されているが、今後も維持される保証はない。住民としては維持されてほしいが、それは、この状態を景観的かつ管理的に望ましいものと評価する眼が、管理者の自治体にあればの話である。

もともとの植生（ヨモギ他広葉多年生草が優占、セイバンモロコシも侵入）

<2018年：年間3回刈取り>

<2019年：6月刈取り>

2019年の状態

＊G20大阪会議の警備のため各地から集まった大型警察車両の駐車のため例外的に刈り取った

V 管理手段その2——化学的手法

化学的手法とは、合成化学物質を用いて雑草を制御する方法であり、主として除草剤の利用をさすが、生長調整剤の利用も手法の一つとして存在するので、ここでは、両者の活用に必要な情報を、主に多年生雑草対策に焦点を当てて紹介する。

1. 除草剤の利用

緑地管理・植生管理のツールのなかで、除草剤ほど誤解され過小評価されているものはないといっても過言ではないだろう。長年にわたり世界的に多大な人材と資金を投入して得られた科学的英知が、日本では非科学的なバイアスによって、緑地・非農耕地での活用が阻まれているのは非常に残念な事態である。

しかし、多年生雑草を真に制御したい場合には必要不可欠なツールである。多年生雑草は、地下部に多くの芽をもっていて、それらからの再生が毎年繁茂する原因となっているのは周知のとおりで、その制御とは、端的に言えばこの再生を持続的に阻止することである。機械的手段では、高頻度で実施してもこれは難しい。

一方、ある種の除草剤は、多年生雑草の再生の要になっている組織や器官をピンポイント的に攻撃することができる。それらは、有効成分が再生のもとになる地下部の芽の分裂組織に移行・集積し、その発育を停止させるという特性をもっているからである。萌芽ができず新しい地上部を作れないことが一定期間続くことにより、植物は飢餓状態になり最終的に枯死する。

このように、多年草の場合、処理から枯死まで期間を要するので、すぐに枯死するかどうかで効果を判断するのは明らかに誤りである。以下、この点を中心に除草剤の機能上の特性、除草剤に何ができて何ができないのか、そして問題点は何かを考察する。

1）多年生雑草の制御に必要な特性

制御のターゲットは再生のもとになる芽であり、通常、多年生雑草（とくに根茎系やクリーピングルート系を発達させている種）では、これらは地下に多数存在する。これらからの萌芽を抑制するには、次の三つの特性を具備している必要がある。

①地下部（あるいは地際）の栄養繁殖・再生器官への確実な移行：この移行は、光合成産物がソース（葉）からシンク（活発に細胞分裂、形態分化・形成している生長点、ならびに根茎やクリー

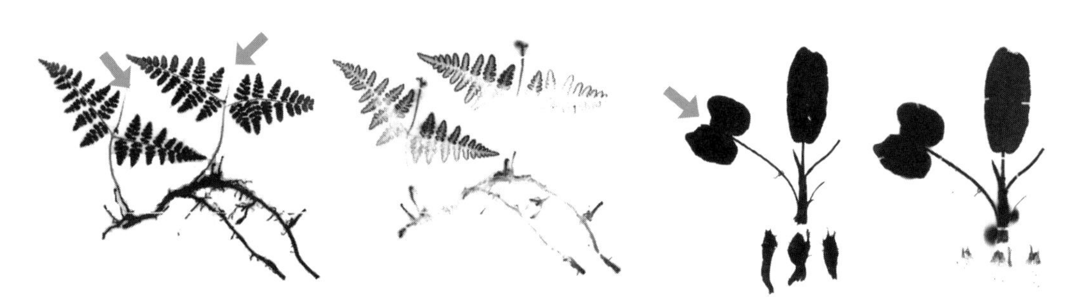

図V－1　吸収移行性茎葉処理剤の地下部への移行の例

葉柄・葉身の切口（矢印）を^{14}C-アシュラム溶液に浸漬した。左：処理した植物体、右：オートラジオグラム（処理10日後）。ワラビ：薬剤が根茎本体を通って、細胞分裂・形態形成の盛んな萌芽中の芽と根茎の先端に多く集積しているのが認められる。エゾノギシギシ：短縮根茎の先端近くの腋芽（萌芽しようとしている）に集積している（写真提供：伊藤幹二）

表Ⅴ－1　地下拡張型の多年生雑草の制御に汎用されている除草剤および除草剤グループの生理的特徴

除草剤の種類	作用点[1)]	作用機構[2)]	適用上の特徴[3)]
グリホサート	芳香族アミノ酸（トリプトファン、チロシン、フェニルアラニン）合成系であるシキミ酸回路において5-エノールピルビルシキミ酸-3-リン酸（EPSP）の合成を阻害する	タンパク質の構成成分であるアミノ酸が生成されないことによって、萌芽に向けた生長点の活動（細胞分裂・分化・形態形成）ができなくなる	非選択性とされているが、多年生についてはイネ科に対してより効果が高い傾向がある。ソース→シンク移行性が顕著で根茎先端部まで分布しやすい
アシュラム	植物にとって必須である葉酸の生合成過程で基質として取り込まれることによって、葉酸の合成を阻害する	葉酸は核酸の構成要素であるプリン塩基の合成に補酵素として働くので、これが欠乏することで核酸合成が抑制され、生長点分裂組織での核の形成ができなくなる	多年生については、イネ科より広葉により効果が高い傾向がある。シダ植物（ワラビ、スギナ）の制御には最適。ソース→シンク移行性が顕著で根茎先端部まで分布しやすい
合成オーキシン系	最初の有機除草剤2.4-Dを含む汎用除草剤グループであるにもかかわらず、真の作用点はいまだ明確にはなっていない	一次的作用として、細胞壁の可塑性および核酸代謝への影響が指摘されている。低濃度では核酸、タンパク質の異常な増加、高濃度では生長点での細胞分裂阻害がある	広葉雑草に選択的に効果を示すグループ。トリクロピルなどピリジン-カルボン酸の類は多年生に有効である。とくにつる性雑草やクリーピングルートをもつ雑草に効果が高い
ALS阻害剤（スルホニルウレア系など）	分岐鎖アミノ酸（バリン、ロイシン、イソロイシン）の合成を主働するアセト乳酸合成酵素（ALS、AHAS）を阻害する	タンパク質の構成成分であるアミノ酸が生成されないことによって、萌芽に向けた生長点の活動（細胞分裂・分化・形態形成）ができなくなる	全般に一年生・生育初期の多年生広葉雑草に有効だが、生育期の多年生広葉に有効な剤もある。カヤツリグサ科にはとくに効果が高い
ACCase阻害剤（アリルオキシフェノキシ系など）	脂肪酸合成の最初の段階を触媒するACCase（アセチル－CoAカルボキシラーゼ）を阻害する	脂肪酸合成の阻害によって、細胞の生長に必要な新しい膜構造の形成に必要なリン脂質が生産されなくなる	イネ科専用剤ともいわれ、C_4植物のイネ科にはとくに効果が高い。フルアジホップなど一部多年生に有効な剤がある

注　1、2）Summary of herbicides mechanism of action according to the Weed Science Society of Americaを参照した
3）通説、一般情報、著者の経験などからまとめた

ピングルート本体のような貯蔵組織）への流れに伴って起こる。茎葉吸収移行性の各剤で、^{14}C（放射性炭素）標識化合物を用いてこの移行が明確に起こっていることが確かめられている（図Ⅴ－1）。

②生長点において細胞分裂や形態形成を阻害：芽の生長点での細胞分裂・形態形成が正常に行われないと萌芽はできず、芽は最終的に壊死する。グリホサートおよびALS阻害剤は環状および分岐鎖アミノ酸の生合成を、アシュラムは葉酸の生合成を阻害することでプリン塩基（核酸の構成成分）を生成できなくし、細胞の増殖に不可欠なタンパク質および核酸が作られず生長点は活動を停止し、芽の死亡に至る。

③雑草体内での長期の活性維持：薬剤が多く下方移動し次々と芽に集積し続けるには、雑草体内での長期間の移行と遅い分解（解毒・活性の消失）が必須条件である。アシュラムがワラビで20週間、グリホサートがスギナで8週間という長い移行期間が示されており、また、代謝・分解については、処理8週間目のスギナの根茎においてアシュラムは79%、グリホサートは33%が元の形態で存在していたことが報告されている。

2）施用法

最良の結果を得るために使用者が考慮すべき重要な事項は、処理方法と処理時期についてである。処理方法については、茎葉処理と土壌処理に大別される。

茎葉処理：吸収移行性除草剤の茎葉処理は多年生雑草制御の主流であり、多くの研究例・実施例があり、標的雑草の分類学的特性（大きくはイネ科か広葉かなど）と有効な剤との組み合わせが明

らかになっている(表Ｖ－1)。

吸収移行性除草剤の効果が多年生雑草に対して最大になるのは、最も多く吸収され、最も多く下方移行することである。薬剤吸収量は、地上部量（主に葉面積）が地下部量に対して最大のときに最大になる。また、地下部への移動の最も盛んな時期は、光合成産物（糖）の下方移動の最盛期である。

このことから推して、処理適期は少なくとも養分転換期以降の生長後期（p.21、図Ⅳ－4の灰色矢印と白色矢印の間)が望ましいということになる。それ以前の地上部生育盛期の処理では、シュートの若い組織の枯れが比較的速やかに起こるので一見効果が高いように見えるが、再生抑制効果（次シーズン以降も含め）が小さく真の制御にはならない（とくにグリホサート、アシュラムのような移行性の大きい剤)。

所定の薬量(単位面積当たりの投入薬剤量)、希釈水量を守ることも重要である。薬量を上げるほど効果が上がるというのは誤った考えで、必要以上の薬量での処理では、吸収と移行を担う大切な葉・茎が早く枯れすぎ、かえって効果が不十分になる。また、希釈水量を多くすることも避けなければならない。なぜなら、茎葉が受けきれずに土壌に滴り落ちた薬剤は、雑草に吸収されることはないからである。

土壌処理：土壌処理では、茎葉処理における問題点、すなわち雑草の繁茂が最高になるまで放置する間の雑草害や、大きく生長した雑草に薬液を散布することの周辺へのリスクは、回避されるはずである。

薬剤が土壌中の根茎や根の表皮から吸収されることは明らかになっているが、問題は、通常の土壌表面処理では多年生雑草の地下器官系の分布層に届かないことである。対策として、土壌混和と土壌潅注処理が想定される。土壌混和処理には揮発性が高く土壌中に拡散し、かつ細胞分裂阻害作用をもつ薬剤（ジニトロアニリン系やクロロプロファム）が適用できる。

他方、土壌潅注処理は、目的外植物への影響が避けられるだけでなく、とくに冬期処理は処理期間に余裕があるとともに翌春の一斉の萌芽・発生を効果的に制御できると考えられる。クズやイタドリで試験的に成功しているが、処理方法の改善やこれら以外の種への適用など今後さらに検討を要する。

3）長期的視野の必要性
――処理後の種類の変化

除草剤によって雑草管理をし続けている現場で、効果が落ちてきたという話をよく聞く。これには、①感受性の雑草種が消失してしまって耐性の種が優占化するという種類の変化による場合と、②感受性であったはずの同じ種に効果がなくなる場合とがある。

①雑草植生の種組成の変化：雑草植生への除草剤処理(とくに連用）は、いうところの‘非選択性除草剤’（ほとんどの雑草種に有効とされている除草剤）であっても、確実に構成種の変化や優占種の交代をもたらす。各除草剤のもつ選択性（どの雑草種にも完全に同じ効果をもつ剤はない）と残効性における特徴が、特定の雑草種の残存・消失の引き金となり、その後の雑草種間の競争によってその傾向が増幅されて、明瞭な種の交代が起こるのである。

連用ではなく1、2回の処理でも標的となる草種が確実に制御されれば、その後に現れる植生の種組成は劇的に変化する（図Ｖ－2)。したがって、除草剤を適用する際には、標的雑草への効果だけでなく、その後の種組成の変化を念頭に、望ましい方向を目指す処理、望ましくない方向を避ける処理をしなければならない。

以下に、変化のおよその傾向を例示する。

- 除草剤の殺草性の強さは、一般に一・二年草＞多年草であり、通常薬量では難防除の多年生雑草が選択的に残る。
- 多年草混合のり面にイネ科選択性(若干でも)の除草剤を連用すると、土壌保全力の乏しい広葉多年草植生になる。
- 多年草混合のり面に広葉選択性の除草剤を連用すると、土壌保全力の高いイネ科多年草中心の植生になる。

・純群落に近い多年草植生（クズなど）が茎葉処理剤で完全に制御された場合、速やかに一・二年草植生に変化する。

②**除草剤抵抗性変異型の発現**：抵抗性種内変異の発現は、ある雑草種の集団がある除草剤による淘汰圧に繰り返しさらされたとき、その集団にごく少数存在していた抵抗性の個体が、感受性個体が衰退することによって優占化することで起こる。除草剤抵抗性変異は、世界中で258雑草種、26の除草剤作用機構グループのうち23グループの計167剤で確認されており（2019年9月24日現在）、このなかには多年草も多く含まれる。

図Ｖ－２　除草剤処理による植生の変化の例

A：セイタカアワダチソウに覆われた河川ののり面・低水敷（上）へのアシュラム処理1年後の様相（下）
シロツメクサ優占群落に変遷
B：クズに覆われた鉄道のり面（上）へのトリクロピル2年連用後3年目の様相（下）
アキノエノコログサ群落に変遷

日本の緑地関係では、芝地でのヒメクグのスルホニルウレア系剤への抵抗性変異、畦畔でのネズミムギのグリホサート抵抗性変異の発現が認められているが、これらは調査・研究結果が公表された種であって、鉄道、畦畔など多くの緑地雑草管理で同一除草剤が連用されている現実があり、同じ雑草に効かなくなったという声をしばしば聞くことがある状況からは、証明されていないだけで多くの抵抗性変異型が出現していることが推察される。

無為な連用の継続は抵抗性変異型の蔓延を加速するものであり、この問題への関係者の危機意識の高まることが望まれる。

2. 抑草剤の利用

「抑草剤」とは、雑草植生を枯らすことなく、低い草高を一定期間維持することを目的とし用いられる薬剤の一般的総称である。このように述べると、雑草植生といえども緑のままの低い状態で維持できるのであれば（とくに大型多年草優占植生の場合）、景観上からも理想的なように聞こえるが、過大評価は禁物で、さほど簡単な話ではない。

「抑草剤」には、じつは機能や作用特性の全く異なる二つのグループがある。薬剤の種類は少ないが、以下のそれぞれの利用に関わる課題を簡単に説明する。

植物生長抑制剤：合成植物ホルモンの一種で、フルルプリミドールやパクロブトラゾールなどの植物の伸長（とくに茎の節間伸長）を抑制・矮化させる働きをもつ化合物であり、植物を枯らすことなく草高を低下させる。ただし、雑草間で感受性にはかなりの差があるので、多様な種が混生する植生を一気に低草高にするような効果は期待できない。構成種をイネ科多年草などに移行させた後のような、種類が限定された状態での維持管理としての使用が望ましい。

除草剤の転用：除草剤として殺草効果をもつ量より低薬量で処理し、草を枯らさないで生長を抑えようという発想から生まれたものである。しかし、実際は同じ薬量でも雑草の種類によって抑草期間も短期～長期、枯死するものもあり、一律に抑草ということにはならない。この現象は除草剤としては当然のことであり、対象植生の種組成、薬剤の種類、処理時期などがよほど上手い組み合わせにでもならない限り、期待通りになる可能性は低いといえるだろう。

Ⅵ 管理手段その3——地表を被覆する手法

地表を被覆することで雑草を抑える場合には、生きていない材料を用いる方法と生きている材料（被覆植物）を用いる方法がある。

前者はマルチ（マルチング）と総称されるもので、もともとは農業場面において作物の栽培に適した表土環境（温度や水分）の形成を目的とし、雑草の発生抑制も兼ねた手法として発達してきた。しかし、今日では緑地の雑草制御用としても利用され、防草シート、細礫・砂、植物発生材（木材のチップスや芝や雑草の刈りカス）などがある。

ここでは汎用されている防草シートおよび植物発生材、さらに地被植物について、その雑草制御機能と多年生雑草に対する効果を検討する。

1. 防草シート

防草シートと称される一連の資材は、ポリプロピレン、ポリエチレン、ポリエステルなどの合成有機化合物を織布や不織布の形状に加工した、遮光性・通気性・透水性を備えたシートである。天然有機化合物ポリ乳酸を用いた生分解性のものもある。もともとはジオテキスタイル（土木工事用シート）として土木分野で土面補強用に適用されてきたが、多用途的に開発されて、現在では緑化分野の雑草制御に汎用されている。また、防草シートの上を細礫やチップスなどでさらに覆ったり、カバープラントで被覆したりして、美観と被覆強度を高める方法も行われている（図Ⅵ－1）。

防草シートが雑草を抑えるしくみは、その遮光力（通常99％以上）と物理的抑圧力にある。雑草の種子発芽に必要な光はごく微量なので、シート下でも若干の発芽がみられることはあるが、光合成ができないために簡単に枯死する。厚さが中～高のシートで完全密封するなど上手に使えば、地下拡張型の多年草でも完全に抑制できる。

しかし、以下のような問題もある。

隙間の問題：シート敷設の対象になるような場では、拡張型多年草が地下部を張り巡らしている可能性が高いので、一部でも隙間があれば、そこからシュートを発生・生長させる（図Ⅵ－2）。種子からの発生は、早期の抜き取りや除草剤のスポット処理で対応できるが、地下拡張型多年草で

図Ⅵ－1　防草シートと植物発生材、地被植物を組み合わせた修景利用の例
左：シート上に松葉を配置し、よい景観を形成している
右：シートに植穴を作ってシバザクラを植栽し、美しい景観を形成している

は、手で抜き取ることは不可能であり除草剤処理も効果を発揮しにくい。単立型多年草でも手取りは困難である。

物理性の問題：チガヤはシート敷設の対象となる場面によく生えている雑草だが、シュートの先端が非常に硬く尖っているので、薄いシート（150g/㎡以下）では突き破って発生してくる。また、ヨシのような生育旺盛な大型多年草では、シートが押し上げられ張力が高まって、ピンなどの固定部分の損傷が生じることがある。

これらの問題に対処するには、敷設において土面が露出するようなシートの隙間を作らないこと（シートの重ね合わせ部分の完全な密着、止めピン穴のカバーなど）、あまり薄い（強度の低い）シートを使用しないことなどがあるが、最も重要なことは、敷設の前に多年生雑草を根絶あるいは弱体化させる処理を実施しておくことである。刈取りでは必ず再生するので、植生に見合った適切な除草剤の適用が望ましい。

外部からの侵入については、地下拡張型雑草には周辺部も含めて対応しておく必要がある。クズのようなほふく茎で拡がる種では、シートから土壌への発根がないので、容易に引きはがせる。

以上はマルチとしての防草シート利用だが、厚めのシートを土中に垂直に配置して、根茎やクリーピングルートの侵入を防ぐ活用方法もある。

図Ⅵ－2　防草シートの重ね部分の隙間から発生・生長している根茎雑草のカラムシ

重ね部分に沿って列状に続いている

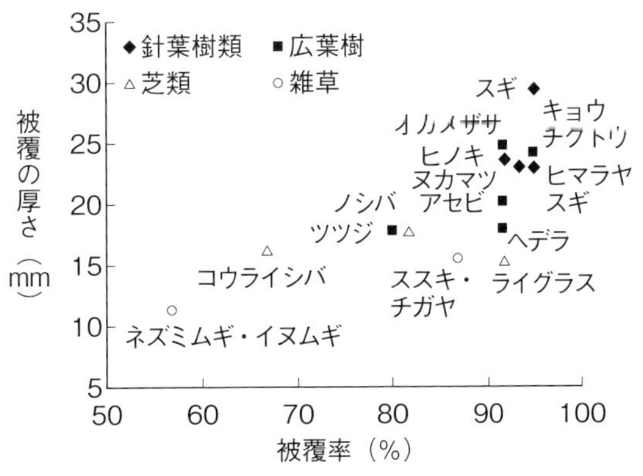

図Ⅵ－3　約3cmの厚さで被覆した各種発生材の6か月経過後の被覆面積率と厚さの違い

2. 植物発生材

雑草の制御に利用できる植物発生材は、樹木（針葉樹、広葉樹、植込み低木）および竹のチップス、草本植物である芝の刈りカス、雑草の刈草がある。ウッドチップスは市販のものもあるが、周辺の緑化樹などの剪定枝を細断して用いるのが望ましい。

これらの資材の利用は、地域の緑地から出る膨大な植物発生ゴミを焼却して、大量の二酸化炭素を排出する環境負荷を軽減することが第一の目的であり、雑草の制御への利用はその手段である。つまり、地産地消の実行である。植物発生材は防草シートと異なり崩壊が早いので、定期的に補充が必要であり、需給のバランスが上手く取れるようなシステムを作る必要がある。

雑草抑制効果は、材料による被覆の持続性（被覆の厚さおよび被覆面積が減少する速度）の違いに大きく影響される（図Ⅵ－3）。持続性は、総じて木本＞芝＞雑草の順序である。

ただし、抑制効果には物理的以外の要素もある。アレロパシー物質など資材から滲出する化学物質の影響である。木本種のうちでもヒノキのチップスは顕著な抑草効果を示すが、樹林で本種株元が完全に裸地化していることが示すように、抑草効果には抑制物質の関与が示唆される。

多年生雑草への効果は、とくに調査例がないので確定的なことはいえないが、厚さや補充の頻度を工夫すれば、ある程度の抑制効果は期待できる

図Ⅵ－4　芝と雑草の刈りカスで株元被覆（左）をすることで雑草根茎からの再生（右）が阻止されている例
この場合の雑草はヨモギ。場所は都市公園

だろう。とくに、緑化樹の株元など多年生雑草が繁茂しやすいが刈取りや薬剤では対処しにくい場所には、有効な手段と考えられる（図Ⅵ－4）。一方、安易な利用は、一・二年生雑草のみを抑えてかえって多年生雑草を優占化させる。

3. 地被植物

地被植物（カバープランツ）は本来、修景、土壌保全（流亡の防止）、形成された植被マット上での運動やくつろぎを利用目的とした植物であり、雑草制御を主目的として開発されたものはない。しかし、地被植物はシバ類を含め、元来雑草に負けず地表を被覆する性質を具備するものが選抜されてきたはずで、多かれ少なかれ雑草制圧力をもっている。なかには、雑草制圧力が評価され、むしろその目的で利用されているものもあるので、それらを以下に紹介しておく。ただし、多年生雑草にどの程度効果があるかの正確な情報はない。

1）センチピードグラス

キビ亜科の暖地型芝草で、ムカデ状のほふく茎でよく拡がる（センチピードとはムカデのこと）。播種後、活着までの養生期間には潅水が必要だが、その後は年間2回程度の刈込み以外、放任状態で十分な被覆が形成され、3年目頃には雑草の発生はほとんどなくなる。

本種は、芝特有のしっかりしたマット形成だけでなく、アレロパシー作用による雑草抑制効果も証明されている。大型雑草が侵入する急傾斜で刈取りが難しい広い畦畔のり面の雑草管理に各地で利用されている（図Ⅵ－5）。

図Ⅵ－5　センチードグラス播種3年目の水田畦畔と大型のり面（滋賀県）

同じく暖地型芝草であるセントオーガスチングラスも、センチピードグラスに次いで雑草制圧力が強いが、化学的作用の関与については不明である。

2）ダイコンドラ（ダイカンドラ、ディコンドラ）

ヒルガオ科の多年草で、草高は非常に低く、ほふく茎で地面にマット状に拡がる。直射日光が当たらずあまり乾燥しないところでは、一旦被覆が形成されればとくに管理を必要とせず、大型になりそうな雑草の実生を適宜抜き取っているだけで、上手くいけば10年近く美しい被覆が保たれる。

道路の中央分離帯への利用もみられるが、建築物周辺の比較的狭い場所への利用に適している。

3）ほふく性タイム

シソ科のほふく性タイムには様々な亜種や品種があるが、そのなかのイブキジャコウソウは農用のり面の雑草抑制に用いられることもある。

Ⅶ 多年生強害草に対処するには

1. 対処の手順 ——標的雑草の特定・排除から

Ⅲで述べたように、どのような状態にしたいのかのゴールや目的がどうであれ、雑草をどのレベルにもっていきたいかを明確に意識しておくことがきわめて重要である。

草が目立ってきたから、クレームがあるから対処するというような非計画的な対応は論外だが、草量や草高に上限の指標を置いた場合でも、現状の緑地・非農耕地の植生管理対象場面をみると、これを一気になし得ることはあり得ない。なぜそうなのか。

その理由となっているのは、本書で取り上げているような大型で再生力の旺盛な多年生雑草（とくに根茎、クリーピングルートで拡がる種）がこれらの場面にほぼ常在することである。

たとえば草高2mにもなり地下に養分を蓄え旺盛に再生してくる種を含むある植生（珍しいことではない）を低草高に維持しようとすれば、刈取りでは相当な回数が必要なだけでなく、これらを小型の他種に対して優占化させることも危惧される。また、抑草剤に期待する向きもあるが、植生を構成するどの草種も一律に生長抑制されるということはあり得ない。大型多年草への効きが悪く結果的によりやっかいな状況を招くこともよくある。

では、どうすればいいのだろうか。非農耕地でも栽培植物がある場合でも、管理対象とする場に存在する雑草植生には多様な種が含まれているのが普通である（特定の種が群生することはあっても）。

しかし、それをあまり意識して問題を複雑に考えるべきではない。なぜなら、植生の維持をしたい場合でも、すべて排除したい場合でも、まず、存在してほしくない標的雑草を定め排除するところから始める以外にないからである。つまり、どの場面についても、このようにシンプルに考えて手順を踏むことが大切である（図Ⅶ－1）。

そして、その第1段階を効果的、経済的に進めることができるのは、化学的手法だけである。ここに、機械的・化学的手法によって、拡張型多年生雑草を有意に減少させるためにどれだけの処理

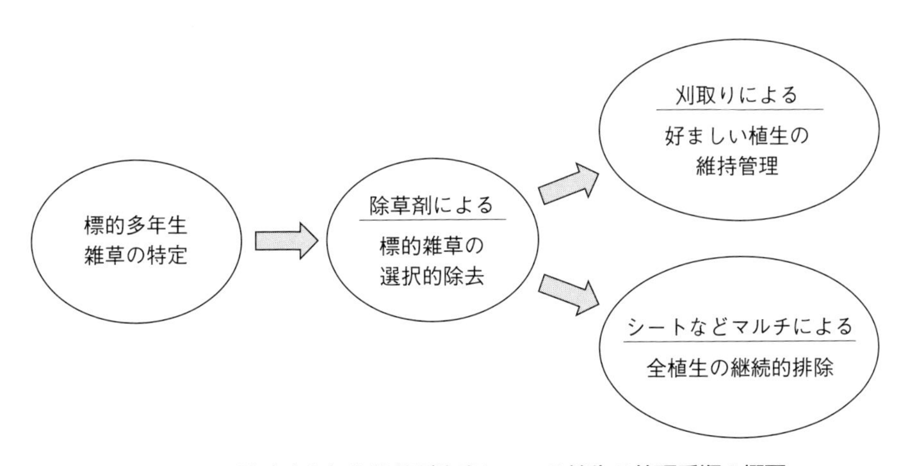

図Ⅶ－1 難防除多年生雑草が生育している植生の管理手順の概要

表Ⅶ－1　拡張型多年生雑草の地下繁殖器官を有意に衰退させると想定される各制御法の処理回数（Ross & Lembi, 1985より抜粋）

制御方法区分[1]	年間処理回数	継続年数
耕耘	4～8回	1～3年
刈取り	3～6回	1～3年
除草剤茎葉処理（接触型またはアポプラスト移行性）	4～9回	1～3年
除草剤茎葉処理（低度のシンプラスト移行性）[2]	2～3回	1～3年
除草剤茎葉処理（高いシンプラスト移行性）[3]	1～2回	1～3年
除草剤土壌処理（残効が短い）	1～2回	1～3年
除草剤土壌処理（残効性長い）	1回	1～3年

注　1）各区分について、効果（薬剤）処理方法、経済性を勘案して手法を選んだ
　　2）例：オーキシン系（2, 4-D、トリクロピル）、スルホニルウレア系
　　3）例：グリホサート、アシュラム

が必要かについての興味ある試算があるので紹介する（表Ⅶ－1）。これをみれば、機械的手法でこれを成就させるには、いかにコストと労力を必要とするかが明らかだ。

化学的手法の一番の利点は、標的雑草を選択的に除去できることである。ここでいう選択的とは、標的雑草以外は残してよい植物として対象にしないということである。つまり、非標的植物は、栽培植物だけではなく問題にならない雑草ということになる。なぜなら、緑地・非農耕地では、雑草植生は環境保全面からの緑色植物の機能、土壌面保護の被覆などとしての価値を有するものだからである。

植生と相反するところにあるのが土面舗装だが、これはいうまでもなく生活圏に熱汚染、掃流水汚染などの被害をもたらす原因になっている。

2. 各種の特性を知れば対処法が分かる

この本の各論では、標的雑草の種類ごとの生物的特性と制御における対処方法を記している。

制御に関しては、以上に述べたような管理の上での第一段階としての対処法を想定して紹介した。つまり、選択的防除が重要で、混合植生として何もかも一度に実現しようというやり方が推奨できないという立場からである。ここで、選択的と称するのは、混合植生の中での標的雑草が群生や大小のパッチで存在する部分へのスポット処理も意味する。

生物的特性の紹介については、各種の中で「標的にするべき部分」の構造と機能に焦点を当てた。制御について情報を活用するに当たっては、まずその種の特性を知ったうえで、なぜそういう方法が推奨され、なぜそれは駄目なのかを理解して頂きたいと思う。

化学的防除における薬剤の選択については、各草種の構造・機能上の特性および分類上の区分を念頭に置き、既存の科学的情報（まだまだ不足しているが）と農薬登録上の位置づけを参考にした。処理時期は、効果の発現と周辺環境への配慮の両面から非常に大切な要素と考え、後者も重要視して設定した。

なお、各場面に合わせて安全性を重視して、より効果的、経済的に適用するために、実施に当たっては専門家の助言を得られることが望まれる。

Ⅷ 主要38種の生態と管理法

〈使い方〉

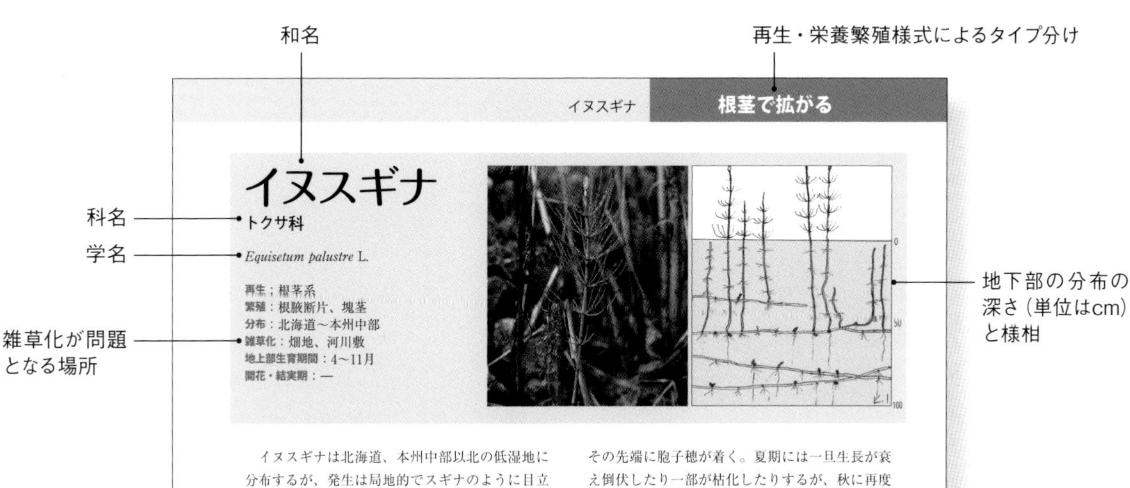

イヌスギナ　**根茎で拡がる**

イヌスギナ

トクサ科

Equisetum palustre L.

再生；根茎系
繁殖：根塊断片、塊茎
分布：北海道〜本州中部
雑草化：畑地、河川敷
地上部生育期間：4〜11月
開花・結実期：—

イヌスギナは北海道、本州中部以北の低湿地に分布するが、発生は局地的でスギナのように目立つ雑草ではない。北方に多く、世界的には欧州北部、北米北部、中国、シベリヤなどに分布している。

雑草害　イヌスギナが問題になるのは採草地に生えた場合で、この草が混入した乾草を与えられた乳牛は中毒症状を呈することが知られている。イヌスギナの植物体にはアルカロイドやスギナと同様にチアミナーゼが含まれる。乳牛はイヌスギナの乾草100g前後を摂食すると下痢症状を起こして乳量が10〜15％低下する。また毎日2gの乾草を継続給餌されると乳量が低下したなどの報告がある。北海道などでは、ときには畑にも侵入し、鉄道敷にもみられる。

生長様式と地下部構造　イヌスギナの栄養茎と胞子茎はよく似ており、胞子穂がつくまで見分けがつきにくい。両茎は春に出芽した後7月頃にかけて草高80cm程度にまで伸長して、胞子茎にはその先端に胞子穂が着く。夏期には一旦生長が衰え倒伏したり一部が枯化したりするが、秋に再度発生して11月頃まで生長する。

地下器官系の基本形はスギナと同じで、横走根茎とその節から直上して地上茎につながる垂直根茎からなり、ところどころの節に1〜数個の塊茎が着生する。横走根茎の分布深度は深く、30cm以下に多くみられ、毎年発生するようなところでは1.5m程度に達しているらしい。

繁殖・拡散様式　胞子による繁殖はまれだと思われる。一方、根茎断片も発根が不良で乾燥にも弱いため、スギナに比べて栄養繁殖体としての価値は低い。しかし塊茎はよく萌芽する。

制御法　制御の対象地は、発生するとワラビと同様、家畜に影響を及ぼす採草地である。

本種の選択的防除はアシュラムまたはトリクロピルの生育期散布が有効であり、根絶には2シーズン程度の連続散布が必要である。

除草剤は成分名で示した。使用にあたっては必ずラベルで登録内容を確認する

スギナとイヌスギナの形態的な違い

	胞子	栄養茎	歯片（はかま）	根系
スギナ	胞子茎（つくし）ができてその先端につく	直立または基部のみ倒状、溝ははっきりして主茎は6〜8角形で空隙は小さい	披針形	上層のものは褐色で薄く毛がある。溝がはっきりし、空隙は小さい
イヌスギナ	栄養茎の先端に形成される	直立でスギナより高い。溝はゆるやかで主茎は円節状で空隙が大きい	披針形で、縁に透明の膜がある	黒っぽくつるつるした円筒形、空隙は大きく、古いものではほとんど中空である

Ⅷ　主要38種の生態と管理法　69

イタドリ

タデ科

Fallopia japonica (Houtt.) Ronse Decr.

再生：根茎系
繁殖：種子、根茎断片
分布：北海道西部～沖縄
雑草化：鉄道、道路、果樹園、空地
地上部生育期間：4～11月
開花・結実期：7～10月

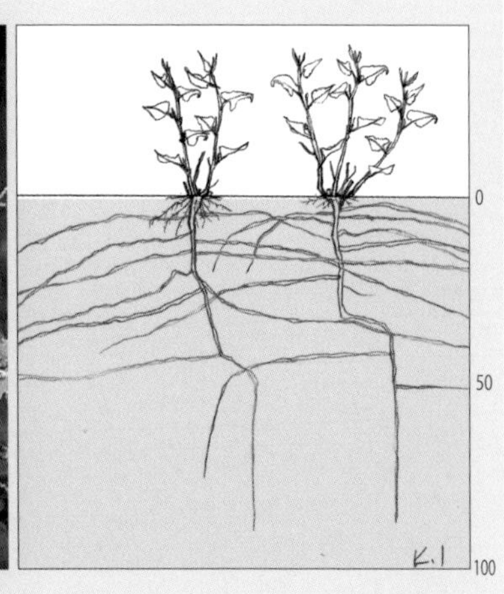

イタドリは、筍のような若芽の酸味が強く、歯ざわりもよいことから「スカンポ」と呼ばれ、生でかじられることもあり、山菜としても利用される身近な植物である。

東アジア原産で、日本では北海道西部から全国に分布している。山野や鉄道敷、道路敷ののり面などに生育している。雌雄異株である。

利用と雑草害　日本では古来、民間薬として、また山菜として利用されてきた。草高が1.5～2mにもなる大型草種であるうえ群生することも多いので、鉄道敷、道路敷などでは、とくにのり面植生管理を困難にしている強害草である。また、視界不良や景観劣化をも引き起こしている。果樹園でも東北から九州にわたって繁茂し、河川敷、大型畦畔、林縁でもやっかいな雑草となっている。

国外、とくに英国、米国では観賞用に導入した本種が逸出して拡散し、対策に大変苦慮していることがうかがわれる。英国（イングランドとウェールズ）では、ついに2014年に、自宅の庭や施設の敷地から近隣や生態系にこれを逸出させる行為が、治安維持法による取締りの対象となった。理由は雑草害による損失が許容水準を超えたことと生態系への影響である。イタドリはIUCN（国際自然保護連合）が

鉄道敷にはよく群生する（名古屋市、貨物線）

公園芝地の樹木株元には多年草が繁茂することが多い。イタドリの長年の定着で衰退してしまったサクラの木（神戸市）

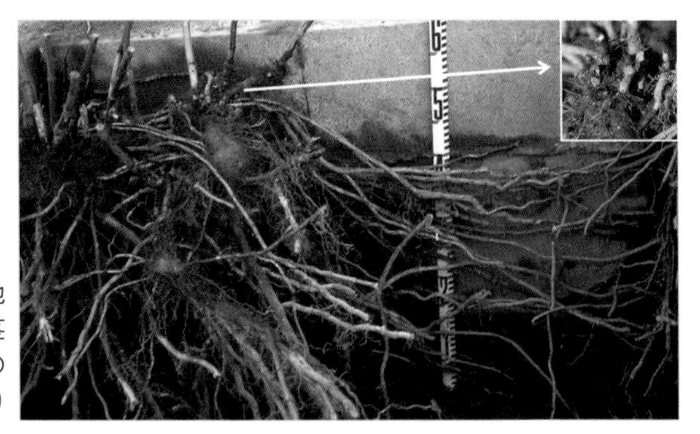

根茎断片から3年間生育させた個体の地下部。地上シュートが集まった大きな株を形成しながら根茎を斜め下から横方向に長く伸ばす。株元には赤色の大きな越冬芽をたくさん着ける（育成・撮影：京都市）

『多年生雑草対策ハンドブック』正誤表

下記のとおり誤りがありました。お詫びして訂正いたします。

●21ページ「図Ⅳ－4　根茎系をもつ多年生雑草の生長の季節消長の例」

	誤	正
グラフ内の薄灰色の凡例（上）	地上部	地下部
グラフ内の濃灰色の凡例（下）	地下部	地上部

54019125

作成した「世界で最悪の侵略的外来種100種」の陸上植物32種にも含まれている。

生長様式と地下部構造　イタドリの地下部は、株を中心に放射状に発達した褐色の太い根茎と数本の直根からなる。春期、やや早めに赤みを帯びた若芽があちこちに現れるが、発生には二つの経路がある。一つは伸長した根茎節にある腋芽からの萌芽である。

一方、前年までに株化した個体の木化した基部（短縮茎）に多数着生している越冬芽からは多くのシュートが発生し生育する。7～10月に開花し、茎葉は冬期には枯れる。イタドリは変異の大きい植物で、シュートの様相は場所（気候的区分ではなく、集団間）によって、じつに様々である。なかには関東以西でもオオイタドリかと思うような草高3m近く茎が非常に太い集団もみられるが、葉の形がハート形のオオイタドリとは区別がつく。

根茎は地下60cmくらいまで分布しており、株基部から発生した根茎は、斜め下方にところどころ分枝を形成しながら様々な方向に伸長する。英名のJapanese knotweedは、根茎が竹のように太く節が目立つことからついたといわれている。

繁殖・拡散様式　種子と根茎片が繁殖力をもつ。種子（瘦果）には3枚の翼があり、風で運ばれやすい。種子の休眠性には遺伝的変異が大きいが、休眠覚醒種子は5～35℃で発芽可能であり、光条件下では25℃で最も良好である。断片化した根茎も高い萌芽・発根力をもっている。

根茎断片からの生長では、新根茎の形成は1年目にはほとんどないが、翌春から急に盛んになる。風散布種子だけでなく、根茎断片も客土や根鉢の土壌に混入して新しい土地に侵入できる。

制御法　制御の対象となるのは、斜面保護植生の劣化、斜面点検作業の妨害、大量の刈取り廃草の処理が問題になる鉄道・道路・堤とうなどの盛土斜面や切土斜面に群生するものである。刈取りには制御効果はなく、むしろ増大を促す傾向があるので、化学的処置が必要である。

化学薬剤による選択的制御は、斜面保護植生（イネ科草本）への影響を避けるため本種の休眠期（冬期）に行う。制御法は、テブチウロンの群生部分

根茎断片腋芽からの萌芽

同じ種かと驚くほど巨大に生長する集団もある。4月末ですでに2m近くなる。
下は根茎（愛知県、鉄道のり面）

への土壌処理（粒剤の散布または水和剤の土壌潅注）が効果的である。空地、フェンス周り、無人基地、配電柱、送電塔、諸標識、センサー、電柵、太陽光発電パネルなどでの制御にも適用できる。ただし、有用植物が周辺にある場所での使用および本剤の全面散布は避けること。

植栽木下やその周辺に群生する本種の制御は、上記と同様、休眠期（冬期）の群生地に処理する。処理方法は、DBNの土壌混和またはIPCの土壌潅注を行う。本種への生育期の除草剤散布は、効果、非対象雑草への影響、周辺環境との関係、経済性などの点で避けるのが得策である。

オオイタドリ

タデ科

Fallopia sachalinensis (F.Schmidt) Ronse Decr.

再生：根茎系
繁殖：種子、根茎断片
分布：北海道〜東北
雑草化：鉄道、道路、河川敷、空地
地上部生育期間：4〜10月
開花・結実期：8〜9月

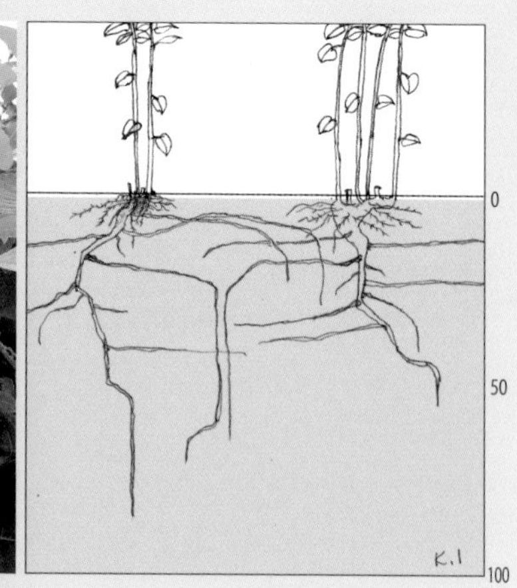

オオイタドリは北海道および東北地方に主に分布し、高さ3mにもなる大型の草である。北海道では空地、道路沿い、鉄道敷、河川敷などでしばしば大群落を形成し、ときには畑に侵入する非常にやっかいな雑草である。

生長様式と地下部構造　春に越冬した根茎芽から地上シュートが萌芽する。その後、草丈をぐんぐん伸ばして8〜9月に開花する。雌雄異株である。地上シュート基部の塊状の根茎に多数の越冬芽が形成されるため、イタドリ同様に大きな株を形成することになる。

オオイタドリの根茎系は基本的にはイタドリと同じだが、根茎はさらに太くイタドリほど多く発生しないようである。斜め下向きに伸長した根茎は深さ60cm、水平方向には1.3m以上離れたところにまで達していたのが観察されている。

見渡す限りオオイタドリ純群落の空地（北海道稚内市）

北海道では鉄道沿いにも多い（北海道倶知安町）

繁殖・拡散様式　種子と根茎によって繁殖するが、詳しいことはよく分かっていない。

制御法　複数回の刈取りが継続される牧草地内には通常定着することは少なく、畑への侵入も局地的だが、牧柵や道路との境界部などからの侵入には注意を払う必要があり、対策としては春期の萌芽・展葉が揃ったときを見計らってアシュラムを茎葉散布する。群生する非植栽地での防除はイタドリに準じる。

セイタカアワダチソウ

キク科

Solidago altissima L.

再生：根茎系
繁殖：種子、根茎断片
分布：北海道〜九州
雑草化：鉄道、道路、河川敷、空地、田畑周辺
地上部生育期間：4〜12月
開花・結実期：10〜12月

セイタカアワダチソウは北米原産で、日本では帰化雑草の代表格である。昨今では、草高も1m前後で、黄金色の花序が日本の秋の風景になじんでいるようにすらみえるが、全国で猛威をふるった1970年代には、文字通り「背高泡立草」で、草高3mに及ぶ大群落が各地で出現した。

本草は明治中頃に観賞用植物として持ち込まれたといわれ、戦後分布を拡げたが、高度経済成長期に日本全土で行われた土地造成に伴い急速に拡散・蔓延した。その分布は線路・道路などの交通網沿い、河川敷、住宅地・工場用地などの生活圏全般を覆いつくす勢いであった。その頃盛んに造成された干拓地では、3年ほどで数百haの全面が覆われた。このような状況と防除の困難さから「公害草」とされ、当時はメディアにも多く取り上げられ、本種が有害か無害か、ときには悪か善かの「セイタカアワダチソウ論争」ともいえる大論争が起こった。

この騒ぎを契機に多くの自治体が「草刈り条例」などの条例を制定して対応し始め（希望者には除草剤を無料で配布する自治体も現れた）、今日目にするセイタカアワダチソウが‘背高’でないのは年1〜2回の刈取りのせいだろう。また、本草が新造成地に簡単に繁茂できたのは、他の植物にはない心土への適応力にあったと思われ、年

耕作放棄地にはセイタカアワダチソウ群落が多くみられる。通常3〜4年で優占化する（京都市）

セイタカワダチソウ、クズ、ススキのセットは放棄地の典型的植生。刈取りもフェンス周りは難しい（舞鶴市、神戸市）

を経て土壌が成熟してきたことも、その勢いをやや低下させている要因ではないかと思われる。

雑草害　セイタカアワダチソウが問題になるのは、主に非農耕地である。かつての最盛期ほどではなくなったとはいえ、とくに関東以西の鉄道敷、道路敷、河川敷では最優占種の一つで、それらの利用目的を阻害する、景観を損ねる、火災の要因となるなど問題は多い。

植生の構成種としても、刈取り・廃草処理に多大なコスト・労力を要し望ましくない。地上部のバイオマスは最大1,230g/㎡という報告もあり、クズの500g/㎡、ススキ草地の400～600g/㎡程度に比べ2倍以上で、1㎡あたり茎数も最高100本ともいわれる。最近は耕作放棄地で目立つ。

なお、セイタカアワダチソウは花粉症の原因植物とみなされたことがあったが、同時期に開花するブタクサ、オオブタクサの花粉と混同されているようだ。

また、本種は、自然破壊や農耕地の住宅化などで蜜源植物が減少しているなか養蜂家に注目され、積極的に植栽されたこともあるが、蜜の品質はよくなかったそうである。

生長様式と地下部構造　浅い土層に水平に拡がる根茎系が基本構造である。春先のシュートの生長は4月頃からで、越冬したロゼットが伸長し始める。生長の速度は非常に速く、草高は6月には1m前後、開花期に最大となり2～3mに達する。開花は10月～12月初め頃まで続き、冠毛をもつ痩果(種子) は12～3月頃まで飛散する。

翌年の地上シュートになるロゼットは、11月の終わり頃から主に根茎の頂芽と地上茎の根もとからの萌芽で形成され、通常はその状態で越冬する。しかし、冬期の暖かい都市・市街地域では、最近

刈取り後の再生状況。根茎の分布は浅い

越冬状況。通常はロゼット葉だが、最近は茎が伸長した状態で（ときには開花して）冬を越す集団をみかけることも多くなった（神戸市）

はロゼットが伸長して開花している様子をよく見かけるようになった。ただし、これらのシュートは春先には枯れるので、この現象は本種にとっては必ずしも有利なものとはいえないように思える。

繁殖・拡散様式　繁殖体は種子と根茎片である。おびただしい数の風散布種子を形成するため、少しでも開放面（裸地）があれば新しい土地に容易に侵入できる。自然の風だけでなく、鉄道や車の風圧も種子の拡散を促進する。野外で種子から発生した個体は、花をつけるまで3年くらいはかかるようだが、根茎は1年目にほとんどの個体で形成され、競争のない環境下では発芽2年目に半径約60cm、3年目には約90cmに拡がる。

根茎断片も容易に萌芽するので、耕起で増殖する。土中に埋没すると、10cm深からは80%、30cm深では40％以上から地上シュートが発生することから、客土などに混入して移動しても繁殖力は維持され、根茎片も拡散に一役買っている可能性が高い。

やがて社会問題に
猛烈な勢いで繁殖

セイタカアワダチソウの猛威を報道する1974年頃の新聞記事

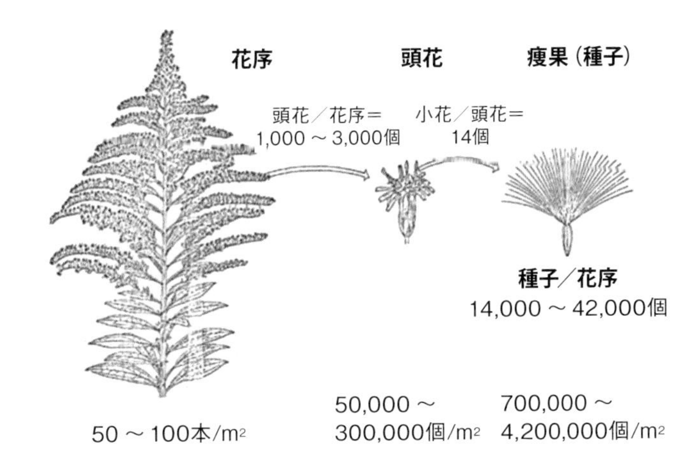

おびただしい数の花を着けるセイタカアワダチソウの種子形成数の推定

セイタカアワダチソウが、二次遷移初期の一・二年草に代わって速やかに優占化し、かつ純群落を形成しやすいのは、密にシュートを林立させる本草の被陰力の強さ（真夏には遮光率95%以上に達する）によるところも大きいが、根茎に含まれるポリアセチレン化合物（2-cis-dehydromatricaria ester）によるアレロパシー作用もその理由になっていると推察される。

制御法　本種の群落を除草剤によって確実に制御するには、発生地の条件によって以下の方法がある。

フェンス、発電パネル、電柵、センサーなどの人工構造物の設備地においては、テブチウロン、カルブチレート、イマザピルの冬期土壌処理が有効である。1～2年間隔の処理で根絶が可能。傾斜地のり面や堤とうでの防除は、本種のロゼット期（冬春期抽苔前）にアシュラムの茎葉散布処理が有効である。1～2年の連続処理で根絶が可能。空地や管理放棄地もこれに準じる。耕起によって細断された地下茎の枯殺は、トリクロピルの土壌混和処理が有効である。

本種は年3回程度の刈取りによって低い草高が維持できるので、生育期の除草剤処理は効果と景観と経済性から好ましくない。耕作放棄地に群生することが多いが、秋冬期以外の耕起は根茎断片からの萌芽を促し個体数を増加させるので禁物である。

フキ
キク科

Petasites japonicus (Sieb.et Zucc.) Maxim.

再生：根茎系、根系
繁殖：種子、根茎断片
分布：本州以南
雑草化：果樹園、田畑周辺
地上部生育期間：3〜10月
開花・結実期：4〜5月

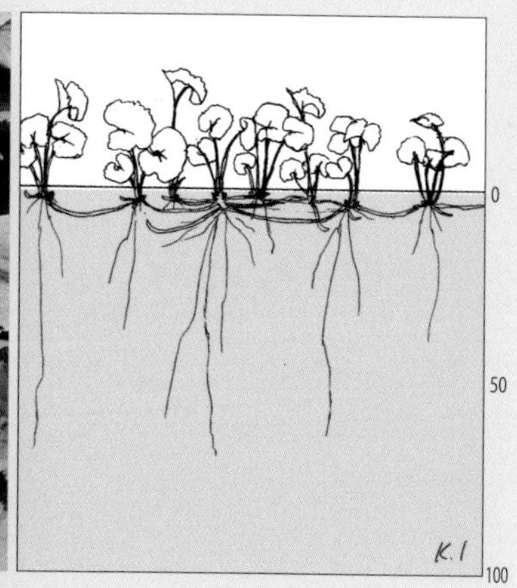

アキタブキ
キク科

P. japonicus subsp. *giganteus* (Fr. Schm.) Kitam.

再生：根茎系
繁殖：種子、根茎断片
分布：北海道〜東北
雑草化：牧草地、鉄道、道路、空地
地上部生育期間：5〜10月
開花・結実期：4〜5月

フキは雑草というより食べ物としてなじみの深い植物であろう。フキ属は北半球の温帯に分布し20種ほどあるが、日本で普通にみられるのはフキおよびフキの亜種とされているアキタブキである。

フキは本州以南に、アキタブキは北海道〜東北に分布する。これらは田園地帯を中心に市街地まで、とくにのり面によく生えるが、昔から食用に供されてきており、今でも山菜というよりも野菜として栽培されている。

利用と雑草害　私たちが食している細長い部分は葉柄である。また。膨らんだ花芽（蕾）はその苦みが独特の春の到来を感じさせる「ふきのとう」として親しまれている。

フキ類のうち、とくにアキタブキは北海道では道東を中心に牧草地で拡がる問題雑草となっている。ときに樹園地に入り込み、大きなパッチを形成し害草となることもある。

全面にアキタブキの侵入がみられる採草地（北海道標津町）
（伊藤幹二）

道路ののり面にもアキタブキ群落（北海道稚内市）

生長様式と地下部構造　フキ類の地下部基本形は、ロゼット葉を展開している親シュート基部の塊茎状の短縮根茎と、そこからほぼ水平に拡がるほふく根茎からなる。分布深度は浅く、せいぜい15cmである。短縮根茎は春から夏にかけて形成され、ロゼット葉を展葉しながら自らは徐々に肥大して塊茎状になる。ほふく根茎は、その腋芽から放射状に数cm～20cm程度伸長した後、先端が上向き出芽・展葉して、秋までに5～10のロゼットからなる株が形成される。その後、ロゼットの頂芽に花芽が形成され、葉はすべて枯れて、苞(ほう)に硬く包まれた花芽が枯れた葉に覆われる状態で越冬する。

フキの根茎系はシンプルでゆっくり形成される
1年目：数本の短い根茎と株中心部に花芽ができる
2年目春：花芽からふきのとうに→抽苔・開花
2年目秋：根茎の先にロゼットを形成

アキタブキの花芽と根茎

雪解けとともにいち早く顔を出すアキタブキのふきのとう（北海道余市町）　（森田亜貴）

また、新しい株からは新根茎が水平方向に伸長し、そのまま越冬する。花芽は冬の間に徐々に成熟し、3月になって暖かくなると苞を開き、開花しながら花茎を伸ばす。一方、伸長している途中で冬を迎えた根茎は、暖かくなると上向きに伸長し、やがて展葉する。

フキ類の生長様式は、双子葉根茎雑草のなかで非常に個性的である。地上部がロゼットのみということと同時に、根茎系の構造も分枝などがなくきわめてシンプルである。もう一つの特徴は、根生不定芽を形成して繁殖力をもつ直根を発達させることだ。これらの根の多くは親株の短縮茎から伸長し、地下1m程度に達するものもある。株の周りに葉柄が細く葉身も小さなロゼットが見られることがあるが、これらは根生不定芽からの発生である。

アキタブキもフキと基本的に同様の生長様式を示すが、植物体はフキよりもはるかに大きく、草高1～2m、葉の直径は1～1.5mに及び、根茎も太い。

繁殖・拡散様式　根茎および根の断片が栄養繁殖体となる。種子は冠毛をもち遠隔地への拡散には優れているが、発芽性は成熟直後が非常に高いものの急速に低下していくそうである。

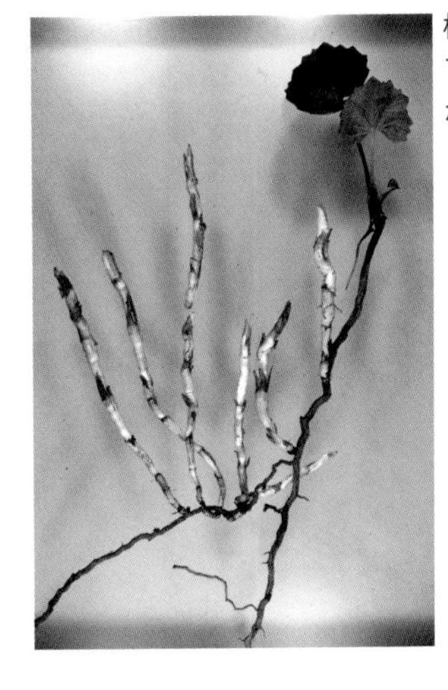

根も根生不定芽を形成してシュートを発生することができる　（森田亜貴）

食用となっている本種の大小群落が、現在野生の形であちこちにみられるのは、フキの繁殖特性による自然的拡散というより、人為的に持ち込まれた名残ではないかと考えられる。

制御法　本種は数回の刈取りによって制御できるが、雑草として問題となるのは更新牧草地が中心である。本種に毒性はないが、放牧牛の不食草なので増加し草地の荒廃化につながる。

牧草地での本種の選択的防除はアシュラムの茎葉散布が効果的だが、群生状態から地上散布は困難なので航空散布が奨められる。

ヨモギ

キク科

Artemisia indica Willd. var. *maximowiczii*

再生：根茎系
繁殖：種子、根茎断片
分布：本州～沖縄
雑草化：鉄道、道路、果樹園、河川敷、空地、牧草地、芝地
地上部生育期間：4～12月
開花・結実期：8～10月

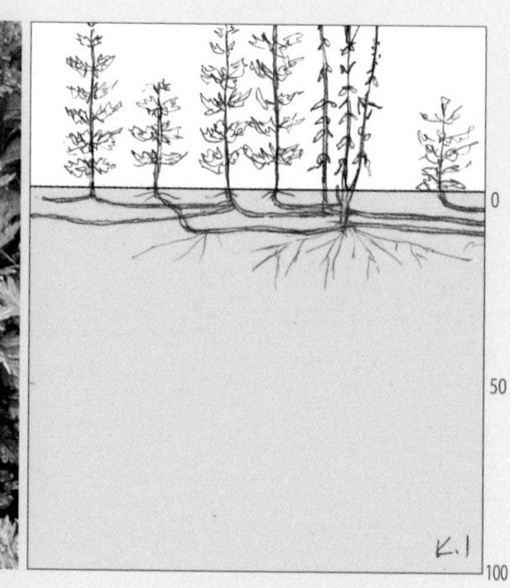

ヨモギは日本在来種で日常いたるところで見られ､「よもぎ」は日本人にとっては親しみと懐かしさを感じる名である。しかし、人里植物として古来人々と共存し、様々な用途に利用されてきたこの植物は、ここ数十年のうちにすっかり様変わりし、あらゆるところで雑草として猛威をふるっている。実際、都市部で2mにもなってまるで灌木のように見えるヨモギが、人々に「よもぎ」と思われていないこともしばしばあるようだ。

ヨモギ属は在来種だけで亜種以上では30種もあるということで、日頃ヨモギのつもりで見ている植物が本来のヨモギの姿かどうかも分かりにくいが、最近はこれに輸入種子の遺伝子関与もあることが分かり、日本の「よもぎ」は分類上複雑なグループといえるだろう。

利用と雑草害　ヨモギは昔から村落に生活する人々の周囲いわゆる人里に半栽培的に存在し、民間薬として傷の止血、痛み止め、胃薬、下痢止めなどに、虫よけに、‘火口（ほくち）’(起こした火を最初に目的物に点火させる）に、‘もぐさ’として灸用に、また、若芽を草餅の材料やおひたしなどの食用にと様々に利用されてきた。今日でもよもぎ餅、よもぎ茶など身近にその名残がある。

一方、今日のヨモギの様相は、やさしいイメージとは程遠く、刈取りが年間1～2回程度の場所では草高2mを超えるところもあり、利用されなくなって新天地に侵入したヨモギは鉄道・道路の路肩や

いろいろな‘顔’をみせるヨモギ。放任地では2mを優に超え灌木のようになる。
下は、芝地で越冬した春期のロゼット

数十mの範囲でも様々な形態の花序がみられる
分枝の両側にきちんと並ぶもの、頭花が丸いもの、細長いもの等々
(採取：神戸市)

のり面、河川敷などで猛威をふるっている。過去の「高速道路で多い雑草・問題になっている雑草」および「鉄道敷で発生が多く対策に困っている雑草」の全国調査でも、セイタカアワダチソウとほぼ同等に上位を占めた。

果樹や街路樹への被害も甚大で、枯死に至らしめることもある、これは主に水分競合力の強さによるが、根茎が樹木の根の発達域を占拠して衰退させることも分かっている。ヨモギはまた、牧草地、芝地の強害草でもある。

生長様式と地下部構造　生長は根茎系に支えられている。生長の季節消長はセイタカアワダチソウとほぼ同じパターンを示す。すなわち、秋期から形成されるロゼットで越冬して春期から伸長を開始し、8～10月に円錐花序を形成し多数の頭花をつける。根茎は地上シュートを中心に放射状に発生・伸長するが、8～11月にかけて2次、3次分枝を活発に発達させる。その後、それぞれの根茎の先端が上向き出芽し、ロゼットを形成して越冬する。

根茎の分布は非常に浅く、普通6cm深までに大部分が分布し、深くてもせいぜい地下15cm程度である。1シーズンに伸長する1次根茎には1mの長さに達するものもあるが、たいていは10～80cmで、よく分枝する。

繁殖・拡散様式　ヨモギの繁殖は種子と根茎片による。種子の稔実率は平均20%程度であまり高くないが、種子休眠性はなく、低温でもよく発芽するので（10～30℃で発芽率95%以上）、種子が稔実して落下すると、秋から冬の低温条件にもかかわらず発芽し実生で越冬する。

根茎片からの萌芽・発根は容易である。平均気温が10℃だと20日以内に出芽し、15℃以上になると降水量が多いほど出芽までの日数が短くなることから、水分条件も萌芽を左右する重要な要素であると考えられる。したがって、土壌水分の多い季節に耕起することは、確実にヨモギの増殖を促すことになる。なお、根茎だけでなく腋芽が伸長していない状態の地上茎が埋没されても、繁殖源となることが知られている。

制御法　本種の群落の除草剤による防除は、セイタカアワダチソウと同様に、人工構造物地ではテブチウロン、カルブチレート、イマザピルの冬期土壌処理が有効である。傾斜地のり面や堤とうでの防除は、アシュラムの冬期茎葉処理またはトリクロピルまたはMCPPの春期処理が有効である。根絶には2年以上の継続処理が必要である。

植栽地では、DBNの生育極初期の処理が有効であり、とくに根茎に対しては土壌混和処理がきわめて効果的である。

ヨモギは植栽の大敵
上：ヨモギの繁茂によって完全に枯死したツツジ
下：ヨモギによる植え枡の占領が延々と続いている。街路樹（トウカエデ）は枯れ枝が目立つ（神戸市）

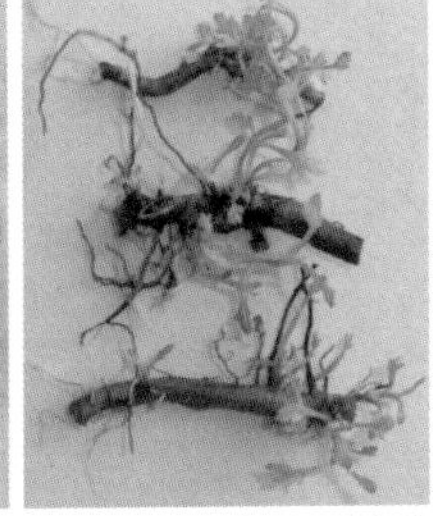

ヨモギの根茎と断片からの萌芽・発根の様相。断片あたり多くの腋芽が萌芽する

ドクダミ

ドクダミ科

Houttuynia cordata Thunb.

再生：根茎系
繁殖：種子、根茎断片
分布：本州～沖縄
雑草化：果樹園、植栽
地上部生育期間：4～12月
開花・結実期：6～8月

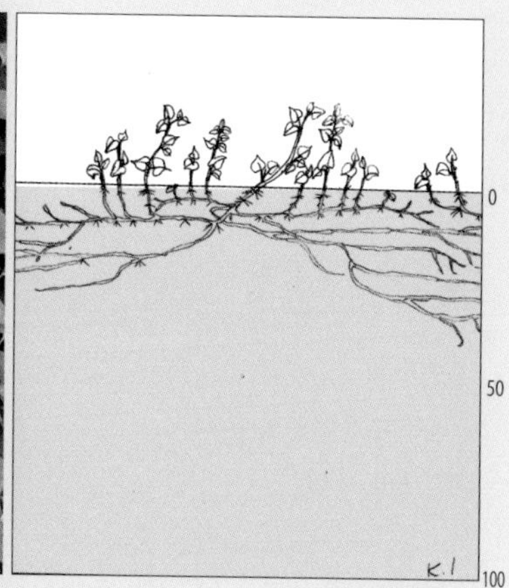

4枚の白い総苞片と中心の黄色い棒状の花序からなる個性的な花が日陰によく目立つドクダミは、住宅の庭先や道端など私たちの生活の中で普通にみられる。このように身近な存在なのは、本種が古来民間薬‘十薬’として生活者に利用され続けてきたからであろう。

東アジアから東南アジアに分布し、日本では本州から沖縄まで広く生育している。

利用と雑草害　古くから、腫れものなどに効く外用の民間薬として利用され、その精油成分から皮膚病薬の成分が抽出されている。また、ドクダミ茶は総合的な健康維持に有効

ここは本来はツルニチニチソウの植栽だが、春はまずドクダミが全面を覆い、その後入れ替わる。毎年同じことが繰り返されている（神戸市）

根茎の分枝とその先端が頻繁に上向き出芽するので密生しやすく、また刈り取られてもすぐに再生してくる

とされ、古くから飲用されて、現在でも葉の乾燥粉末が市販されたり、市販の飲料にその成分が添加されたりしている。

雑草として問題になる場面は少ないが、日陰の湿った土壌を好むことから、植込みの中に発生することも多く、この場合は選択的に制御するのが非常にやっかいな雑草となる。

根茎断片から6か月生育させた個体。分枝がよく発達する（育成・撮影：京都市）

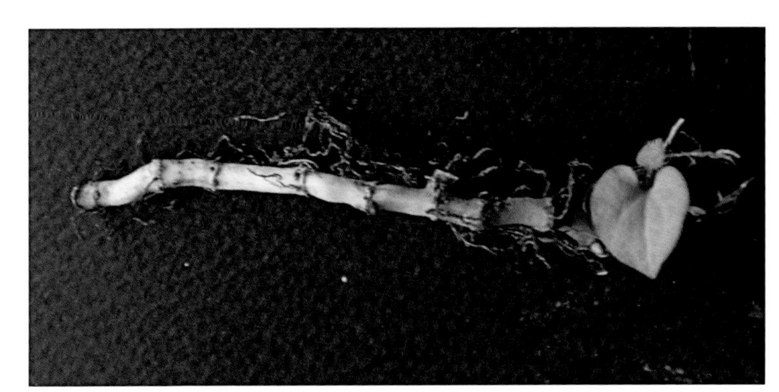

根茎断片腋芽からのシュートの発生

生長様式と地下部構造　ドクダミが群生していることが多いのは、根茎系において分枝がシーズンを通じて盛んに形成され続けるとともに、その先端が次々と上向き、地上シュートとなるからである。まず、3月下旬から、越冬していた根茎から地上シュートが萌芽し始め、これらのシュートの基部近くからは分枝根茎が発生・伸長し、その先端がまた地上シュートとなる。このパターンが6～8月頃にかけて続き、次々と開花する。

開花後は草丈がほとんど変化せず、冬には地上部はすべて枯れる。一方、根茎の伸長は地上部の停止後も続き、冬期には地上に近い部分が一部枯死するものの、大部分は越冬して先端から翌春新シュートが発生する。

根茎は直径2～3mm程度、成熟しても白色で、30cm程度の深さにまで分布する。

繁殖・拡散様式　主に根茎で繁殖する。種子の稔実はよくなく、実生を見ることはまれである。一方、根茎断片の萌芽力は高いので、新しい土地への侵入は根鉢土壌などへの根茎断片の混入によることが多いと思われる。

また、地上シュートが刈取りなどによって損傷を受けると、1週間もしないうちに根茎腋芽から新しい地上シュートが出芽する。しかし、真夏に刈り取ると、その後再生した地上シュートの草高はせいぜい10cm程度までにしかならず、あまり繁茂しない。

制御法　本種は、地上部の刈取りによって増えるが、小型化し雑草害については目立たない。しかし、再生力が強く、気が付くと全面に拡がっているケースがある。

果樹園での群生処理は、冬期にDBNを混和しておくことが効果的である。植込みの中に侵入している場合は、手取り以外に方法はないが、さらに侵入することを防止するため、周辺の発生部分に対して果樹園に準ずる処理が考えられる。

カラムシ

イラクサ科

Boehmeria nivea (L.) Gaudioh var. *nipononivea*

再生：根茎系
繁殖：種子、根茎断片
分布：本州〜沖縄
雑草化：鉄道、道路、田畑周辺、果樹園
地上部生育期間：5〜11月
開花・結実期：7〜9月

カラムシは近年までチョマ(苧麻)、マオ(真苧)などの名称で親しまれてきた栽培植物であった。世界各地で繊維植物として利用されていることから、歴史の初期に渡来し、長年衣料用に栽培されていた過程で逸出したり、近年栽培地を放棄した後に野生化したりしたと考えられる。現在は、本州から沖縄までにわたって分布している。

日本にはカラムシとこれよりやや大きいナンバンカラムシ（いずれも*B. nivea*）が存在するといわれているが、交雑も多く多様性に富む種である。中国、インドで栽培されているのはナンバンカラムシよりさらに大きな種でラミー（*B. nivea* var. *tenacissima*）と呼ばれる。

利用と雑草害　カラムシの繊維は木綿の8倍の強さがあり、夏の衣料としては上質であった。ちなみに、エジプトのミイラを包んでいる布（紀元前5000〜3000年）も本種が材料であったとされている。繊維は葛布の場合と同様に、茎の外皮を除いたのち、内皮部分を剥がして煮て採取する。また、薬用にもされていたようである。

一方、現在のカラムシは鉄道・道路ののり面や田畑の周辺の斜面などでたびたび群生して雑草化しており、視界のさえぎりや景観の悪化、植生としての管理の困難さから強害雑草である。また、大型の蛾(フクラスズメ、カラムシガ）の食草で、鉄道沿線の住宅からのクレームの対象になっている。なお、花粉を多く生産することから、花粉喘息の抗原性をもつという研究結果の報告もみられる。

中山間地の田畑の周囲のり面は大型多年草に覆われる。ここはカラムシ群落でススキなどが若干混じる（福井県）

草高は優に2mを超えるカラムシ群落とその地下部の様相（福井県）

生長様式と地下部構造　シュートの草高が1m以下の集団も2m以上の集団もみられ、これは刈取りの有無によることもあるが、種内変異が大きいことも原因していると思われる。花期は9月頃で、茎の上方には雄花序を、下方には雌花序をつける。茎葉は冬期の低温で枯れるが、木化した基部は生き残る。

地下部の基本構造は根茎系だが、ところどころの節から紡錘形の貯蔵根が複数出ているのは、カラムシ特有の形である。根茎は1節からの分枝も多く、くねくねとした感じで深さ30～40cmあたりまで分布する。根茎には不規則に多くの節があり、生育可能な期間中（春～秋）を通じて、これらから次々とシュートを発生し続ける。

貯蔵根は大きいものでは長径2.5cm、長さ10～20cmほどあり、多い場合は一か所に5～6本もみられ、本種の旺盛な生長の源になっていることがうかがえる。また、根茎や貯蔵根にもいろいろなステージのものが同時にみられるので、シーズンを通して活発な生長が続いていることが分かる。

このように、非常に特異で柔軟な根茎系をもつことが、この種の防除の困難さを物語っている。

繁殖・拡散様式　風媒花粉によって稔実性のある種子が形成され、種子繁殖もあるはずだが、種子の休眠性や発芽性については十分な情報がみられない。一方、根茎断片による栄養繁殖は旺盛である。新しい細い根茎であっても、好適な温度と十分な水分のもとでは、100%に近い萌芽率が得られる。また、頂芽優勢性も低く、1本の断片でも各節から萌芽する傾向がみられる。

このことから、各地への拡散は、かつて栽培されていた人里から、都市・市街地での造成や農地整備の際の客土に根茎片が混じって移動することによると考えるのが妥当であろう。

制御法　制御の対象となる場面は、視認性の阻害や管理作業の妨害となる鉄道や道路、田畑周辺の盛土・切土斜面およびフェンスなどとの境界部分である。傾斜面の群生部の除去には、本種が休眠している冬期（地上部が枯れている時期）にテブチウロンの粒剤散布または水和剤の土壌潅注を行うのがよい。制御対象としては果樹園などの植栽地もあるが、境界部に群生することが多いので冬期の休眠期にDBNを処理する。本種の当年芽は表層部にあるので効果的である。

また、草高2mを超える本種生育期への除草剤茎葉散布は、効果、非対象雑草、周辺環境との関係、経済性の点から推奨できないが、石垣・石積・ブロック下から発生したものについては、グリホサート、アシュラム、トリクロピルなどの除草剤の茎葉散布が有効である。いずれの場面でも、刈取りには制御効果がない。

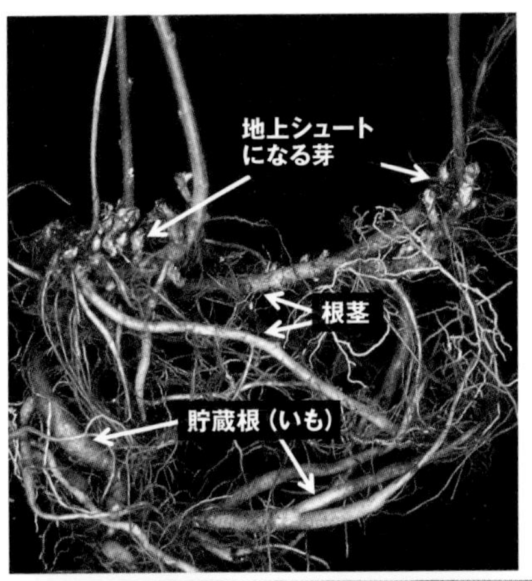

地下部の複雑な構造。塊根（貯蔵根）は1節から多数発生していることも多い

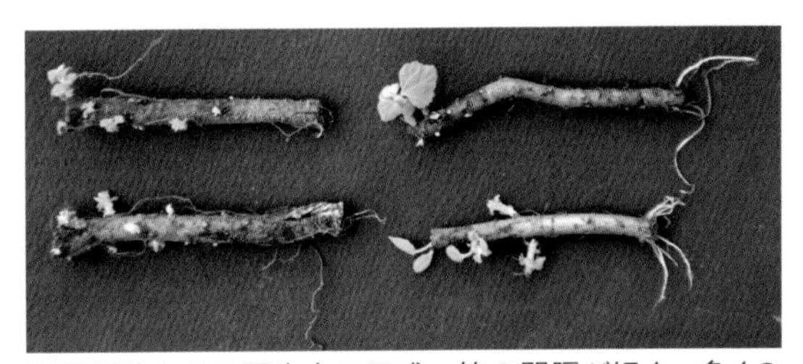

根茎断片からの再生力は旺盛。節の間隔が短く、多くの腋芽が同時に萌芽する

ヒルガオ

ヒルガオ科

Calystegia japonica Choisy

再生：根茎系
繁殖：根茎断片
分布：北海道～沖縄
雑草化：果樹園、畑地、植栽
地上部生育期間：4～10月
開花・結実期：6～8月

コヒルガオ

ヒルガオ科

C. hederacea Wall.

再生：根茎系
繁殖：根茎断片
分布：東北以南
雑草化：果樹園、植栽
地上部生育期間：4～10月
開花・結実期：5～9月

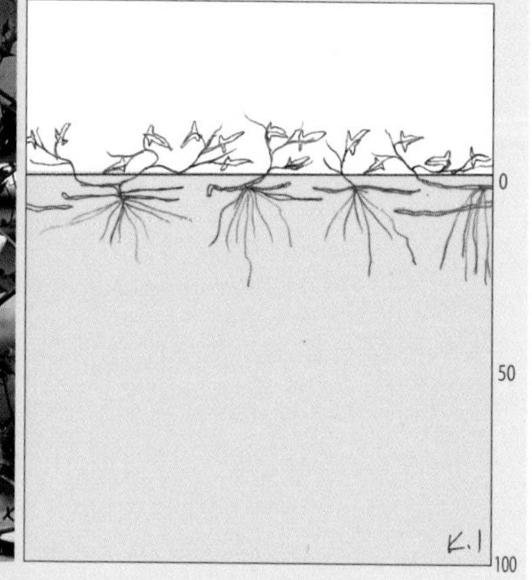

美しい花が人目を引くが、よく見ると植込みを覆っていたりするヒルガオ属の雑草には、ヒルガオとコヒルガオがある。ヒルガオは東アジア原産で日本では全国に、コヒルガオは東南アジア原産で北海道を除く全土にみられる。

北海道、東北地方ではこれらに近縁のヒロハヒルガオ（*C. sepium*）も存在し、花や葉の形がこれらの中間の形態を示す様々な個体が存在するので（実際、市街地でみられる個体でも、はっきりどちらか区別できるものは少ない）、ここでは両種をまとめて解説することにした。

雑草害　つる性植物であるヒルガオ類は、有用植物にからみついて光合成を阻害するため、飼料作物などの畑作物、道路沿いや庭園の植込み、樹園地に侵入すると有害である。関東以南の果樹園では問題雑草の一つであり、被陰力は強く、低草高の植込みなら枯らしてしまうこともある。一度農地に侵入すると根茎によって生育領域を拡大するために、根絶する

飼料畑に蔓延するヒルガオ。断片化した根茎が毎春萌芽し拡がる（岩手県葛巻町）

毎年ヒルガオに覆われ衰退していく植込みのツツジ（神戸市）

ことが難しい。

生長様式と地下部構造　春期、越冬していた根茎から次々と地上シュートが発生すると、まもなく根茎も盛んに伸長し始める。茎は左巻きのつるで、他の植物などに巻きついて生育する。ヒルガオは6〜8月頃開花し、花が終わると地上シュートは枯れ始めるが、根茎はゆるやかに伸長し続ける。コヒルガオは5〜9月頃に開花し、その後地上シュートは枯れ、秋には根茎の伸長も停止する（以上、京都における調査）。

根茎系は、ヒルガオでは放射状に発達する傾向があるのに対して、コヒルガオではやや不規則である。根茎の分布深度は通常あまり深くなく20cm深までに多い。ヒルガオ属2種の根茎が他の根茎植物と大きく異なる点は、冬期に一部が枯死して根茎断片となって越冬することである。ヒルガオの場合、デンプンを多く蓄えて太くなった根茎の先端を含む部分が断片として残るのに対して、コヒルガオの場合は枯死する部位に規則性がなく、越冬断片の長さも様々である。

繁殖・拡散様式　両種とも自家不和合性で種子はまれにしか形成されないため、繁殖は根茎断片によっている。耕起による切断だけでなく、自らの冬期の部分枯死によって断片化し、個体数を増加させていく。ヒルガオの根茎断片は25℃暗条件のもとで年間を通して90%程度の高い萌芽率を示し、ヒルガオでは秋期にやや低下するものの平均70%程度の萌芽率を示す。萌芽可能な深度は深く、60cmの長い根茎片を埋没した場合、70cmの深さから出芽したという例もある。

なお、低い頻度ながら種子繁殖も起こっていることは、集団がいくつかのクローンから成り立っていること、訪花昆虫が訪れるような環境では種子をつけている個体を見ることなどから明らかである。

新しい土地への侵入は、根茎断片の樹木根鉢土壌や客土への混入、根茎が耕作機械に引きずられて移動するなどの経路が考えられる。

制御法　制御の対象としては、植込みや生垣下からの発生、施設設備の機能障害となる電子盤・センサー・電柵などの周囲が挙げられる。また、一旦侵入すると耕起によって拡がるので、飼料用トウモロコシ畑やサトウキビ畑で問題となる。

本種自体はMCPP、トリクロピル、2,4-PAなどの茎葉処理で制御できるが、つるが登攀（とうはん）した後の選択的制御には向かない。選択的防除は本種の休眠期（冬期）に行うのが基本になる。非植栽地においては、つるが登攀する構造物から1mの範囲にDBNまたはテブチウロン粒剤を処理することで防除する。植栽下の場合は、DBNまたはトリフルラリンの表層混和が効果的である。この他、本種は、フルルプリミドールなどジベレリン生合成阻害剤の冬期土壌処理やトリクロピルの冬期土壌潅注によっても制御できる。

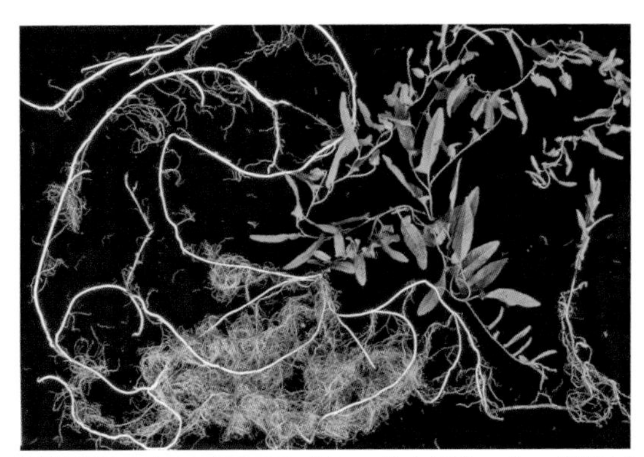

根茎断片から6か月生育したヒルガオ個体。白い根茎が放射状に発達する

ヒルガオの花には様々な形状のものがある

葉にみられる変異
（左端：典型的なヒルガオ、右端：典型的なコヒルガオ）

ハマスゲ

カヤツリグサ科

Cyperus rotundus L.

再生：根茎系
繁殖：種子、塊茎
分布：関東以西
雑草化：芝地、果樹園、植栽
地上部生育期間：4～11月
開花・結実期：7～10月

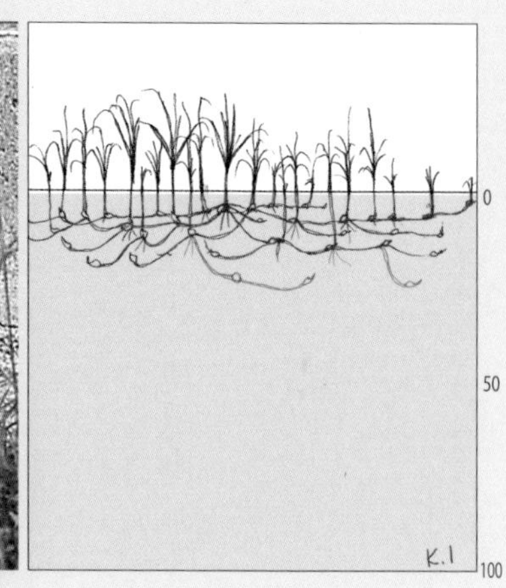

インド原産といわれるが、熱帯から温帯に拡がっているコスモポリタンで、世界中で最も多くの国と地域で作物の害草となっていることから、世界の十大雑草にも挙げられている。日本では北陸・関東以西に分布するが、暖地に発生が多い。

土壌条件に対する適応範囲は広く、路傍、畑、樹園地、芝地、荒地、海岸の砂地など、日当たりのよいところであれば、どこにでも生育可能である。

利用と雑草害　芝地雑草として芝生を駆逐し、また主に暖地の樹園地や飼料畑の雑草として問題視されている。公園や街路の樹木の周囲に群生しているのが見られるが、美観上は問題がなさそうである。

一方、ハマスゲの塊茎は精油成分（セスキテルペン）やタンニンを含み独特の芳香があり、乾燥したものは香附子（こうぶし）と呼ばれて中国、韓国、日本で鎮痙剤などとして利用されてきた。

生長様式と地下部構造　塊茎がつながった地下器官系がハマスゲの基本形態である。塊茎は細い根茎でつながっているが、根茎自体には節がなく萌芽力もない。成熟塊茎はほぼ黒色、大きさは直径0.5～1.5cm、長さ1～4cmと様々で数個の腋芽をもつ。この腋芽から根茎が発生・伸長し、やがてその先端付近が肥大して新塊茎が形成されるとともに、その頂端が上向き地上シュートになる。新塊茎の腋芽からはまた新根茎が発生し、同じ繰り返しが4～5月頃より11月頃まで継続して芝生状の植被を形成する。根茎は高次になるほど長く、伸長も下向きになる。

塊茎の大部分は20cm深以内に分布している。一つのシュートが発生して7～8葉期になる頃（約10日後）には早くも娘シュートの発生が見られ、ハマスゲはシュート発生力の非常に旺盛な種であ

一見芝生にみえるが、じつは一面ハマスゲ被覆（一部色の濃いところはメヒシバ）（東京都、公園広場）

バラ園を取り囲むハマスゲ。コンクリート・アスファルトなどの縁に沿って生えやすい（神戸市）

おそれいります
が切手をはって
お出し下さい

郵便はがき

1078668

(受取人)
東京都港区
赤坂郵便局
私書箱第十五号

農文協
http://www.ruralnet.or.jp/
読者カード係 行

◎ このカードは当会の今後の刊行計画及び、新刊等の案内に役だたせていただきたいと思います。　　はじめての方は○印を（　　）

ご住所	（〒　　－　　） TEL： FAX：
お名前	男・女　　歳
E-mail：	
ご職業	公務員・会社員・自営業・自由業・主婦・農漁業・教職員（大学・短大・高校・中学・小学・他）研究生・学生・団体職員・その他（　　）
お勤め先・学校名	日頃ご覧の新聞・雑誌名

この葉書にお書きいただいた個人情報は、新刊案内や見本誌送付、ご注文品の配送、確認等の連絡のために使用し、その目的以外での利用はいたしません。

ご感想をインターネット等で紹介させていただく場合がございます。ご了承下さい。

送料無料・農文協以外の書籍も注文できる会員制通販書店「田舎の本屋さん」入会募集中！
案内進呈します。　希望□

■毎月抽選で10名様に見本誌を１冊進呈■（ご希望の雑誌名ひとつに○を）

①現代農業　②季刊 地 域　③うかたま

お客様コード

17.12

お買上げの本

■ご購入いただいた書店（　　　　　書店）

●本書についてご感想など

●今後の出版物についてのご希望など

この本をお求めの動機	広告を見て（紙・誌名）	書店で見て	書評を見て（紙・誌名）	インターネットを見て	知人・先生のすすめで	図書館で見て

◇ 新規注文書 ◇　　郵送ご希望の場合、送料をご負担いただきます。

購入希望の図書がありましたら、下記へご記入下さい。お支払いはCVS・郵便振替でお願いします

(書名)	(定価) ¥	(部数)
(書名)	(定価) ¥	(部数)

ることが分かる。開花は7月から始まり、塊茎形成もその頃から旺盛になり、どちらも茎葉の生育停止期まで続く。冬にはすべての地上シュートが枯れ、塊茎で越冬する。

繁殖・拡散様式　主に塊茎により繁殖する。成熟塊茎の萌芽率は1個ずつに分離すると70%以上あるが、連結したままでは低い。根茎間は越冬中に切れやすいが、耕起による切断も繁殖を助ける。萌芽適温は30～35℃で、42.5℃以上、10℃以下では全く萌芽しない。また、塊茎は低温に弱く、5℃ではわずか2時間で死滅する。土壌が過湿であったり、他植物による強い被陰下では休眠状態を保ち地上部を出さないが、不良条件が取り除かれると速やかに出芽してくるので、初めてハマスゲ集団が存在していたことに気づくこともある。

種子は形成されるが発芽率は2%以下と低く、種子による繁殖はまれである。したがって、新しい土地への侵入も土壌に混入した塊茎によると思われる。

制御法　刈取りによって防除できず、耕起によって増える。対策の対象となるのは畑や芝地、花壇などで蔓延している場合である。本種をはじめ芝地で群生する多年生カヤツリグサ科のヒメクグの防除には、ハロスルフロンメチルなどスルホニルウレア系除草剤が有効である。本系統の除草剤の使用は抵抗性雑草を生みやすいので、ハマスゲにも効くという全面散布や連用は避け、群生地処理に限るのが得策である。

本種の塊茎は乾燥や低温によって死滅するので、飼料畑などの防除は冬期の耕起が有効である。加えて、残存・再生個体にニコスルフロンまたは2,4-PAなどフェノキシ系除草剤を用いて徹底防除する。根絶には2～3年継続することが必要である。近年、飼料畑に帰化したキハマスゲ（別名ショクヨウガヤツリ）の大繁殖がみられるが、今のうちに処置しないと難防除雑草がまた一つ増えることになる。

ハマスゲ群落の地下部を45cm×45cm、深さ15cmまで掘り上げたもの

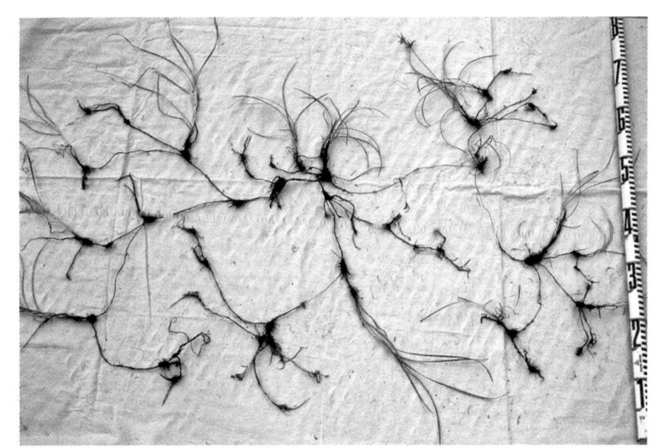

1個体の根茎系の拡がり。塊茎を分散させるが規則性はあまりないようだ

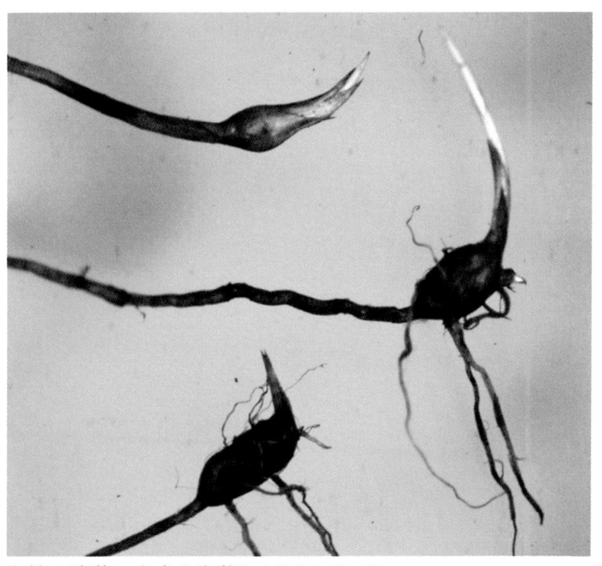

先端の塊茎。上向き出芽しようとしている

シバムギ

イネ科

Elytrigia repens (L.) Gould

再生：根茎系、株基部
繁殖：種子、根茎断片
分布：北海道〜九州
雑草化：畑地、牧草地、果樹園
地上部生育期間：通年
開花・結実期：5〜9月

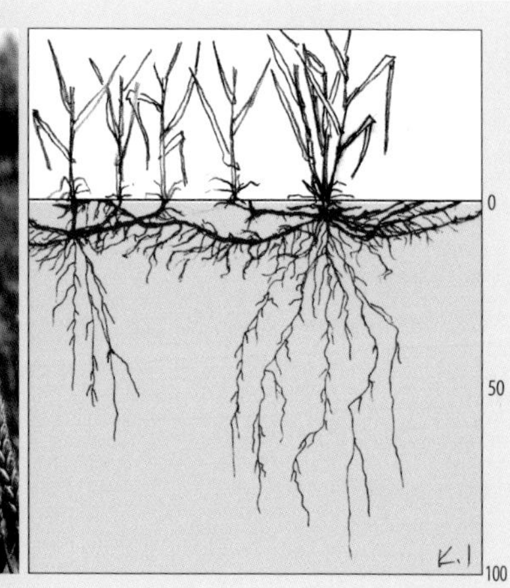

シバムギは地中海沿岸の原産で、温帯北部のやや冷涼な地域に広く分布し、アメリカ合衆国北部、カナダ南部およびヨーロッパにおいて穀物類の重要な雑草となっている。そのため、その生態と防除に関しては多くの研究がなされている。

日本への侵入は北海道で、その後次第に南下し、現在はほぼ全国に分布する。輸入ムギ類種子に混入していて畑に拡がった、牧草として導入された、との説があり、すでに1905（明治38）年に被害状況が調査されている。

雑草害　シバムギはもともと畑作、とくにムギ作における強害草であり、牧草地、畑作地帯、樹園地で雑草となっている。養分競合力の大きい雑草とみなされ、さらにポリアセチレン化合物agropyreneによるアレロパシー作用が知られている。

生長様式と地下部構造　シバムギは根茎系を密に発達させる。安定した群落では根茎が根とともに絡み合ってマット状となっており、1㎡あたり300〜500mの根茎が土中に存在するという報告もある。分布深度は大部分が10cmまで、深いものでも15cmと浅いが、水平方向への拡散能力は高く、1シーズンで約1mずつ外部へ拡がっていくことが観察されている。

地上シュートは秋から根茎腋芽が萌芽して多く発生し、それらは葉が多少枯れあがるものの越冬し、翌年の春から伸長して草高60〜100cmほどになる。5〜9月に出穂する。出穂期には新たなシュートの発生は少ないが出穂後から秋にかけて増加し、同じサイクルが繰り返される。

浅いところに多くの根茎と細根が密なマット状に形成されるシバムギの地下部

根茎断片からの新シュートと新根茎の発生

繁殖・拡散様式　種子と根茎によって繁殖するが、種子の稔実率は一般に低く、また、クローンや稈(かん)によってもばらつきがある。種子は休眠が浅く、5～35℃で発芽する。10℃/30℃の変温で最も高い発芽率が得られ、明条件でも暗条件でも発芽する。根茎断片からの萌芽可能温度は5～35℃、最適温度は20～27℃だが、腋芽は休眠性をもつ。耕起で切断後の根茎断片からの畑での出芽可能深度について、シュートの発生は20cm深からは起こったが、30cmに埋没すると30cm長の断片からでも出芽できないことが示されている。

出芽後は、種子からの実生では6～8葉期に、根茎芽からの個体では3～4葉期に新しい根茎の伸長が開始し、ある程度伸長すると先端が上向いて地上シュートとなる。秋までにこのパターンを繰り返すことによって、2シーズンで2m離れたところにまで拡がることもある。

制御法　本種は刈取りや耕起によって増え拡がるので、耕地内に群生する場合は春期の耕起前または秋期の収穫後にグリホサートなどの茎葉処理型除草剤を散布する。

植栽地においては、春期のフルアジホップPの茎葉散布、または冬期のDBNまたはトリフルラリンの土壌処理（土壌混和処理）が有効である。年1回2～3シーズンの継続処理で防除が可能である。

秋期の根茎先端からの上向き出芽

セイバンモロコシ

イネ科

Sorghum halepense Pers.

再生：根茎系、株基部
繁殖：種子、根茎断片
分布：東北以西
雑草化：道路、鉄道、河川敷、空地、畑地
地上部生育期間：4～11月
開花・結実期：6～9月

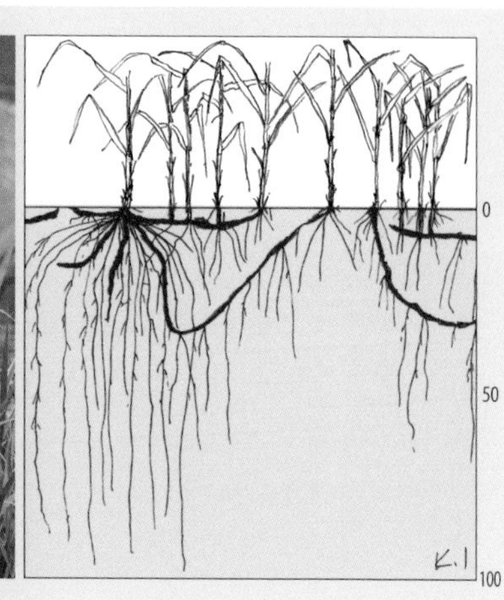

セイバンモロコシは地中海地方原産といわれ、亜熱帯から温帯までの非常に広い気候範囲に分布しており、世界の国別分布調査によれば、過去の40年間でさらに分布域を拡げているようである。大型で強壮な根茎による生育力から、今や多くの国で畑作物、プランテーション作物、牧草地、果樹園などで栽培植物の強害草となっている。非農耕地では休耕地、空地、河川敷・水路沿い、道路沿いや畑地の周囲、とくに湿潤で水による種子の運搬がある場面で繁茂が著しい。

日本では1943（昭和18）年、千葉県で外来種として最初の記録があり、関東以西でその蔓延が心配されたが、少なくともその後30～40年は侵入場所周辺にとどまるだけで目立たなかった。しかし、この十数年で急激に繁茂が目立つようになり、とくに九州の中・北部では河川や道路沿い、空地などに大群落がみられ、東北地方でも発生が確認されている。このような変化の理由はよく分からないが、温暖化、湿潤化、大気エアロゾルからの窒素・リンの供給など、セイバンモロコシの生育に好適な環境変化が進行してきたせいかもしれない。

雑草害　生活の場のあらゆるところで土地利用を妨げているとともに、都市、市街地の環境悪化を促進している。大型で、かつ根茎でどんどん占有面積を拡大する本種は制御が非常に困難だが、大量の刈草処理にかかる労力・コストおよび廃草処理の環境負荷もまた大きな問題である。地上部バイオマスは、生重で15～25t/ha程度と推定され、同じく大型で純群落を作るクズやセイタカアワダチソウよりかなり多い。

セイバンモロコシは飼料畑や草地でも問題である。養水分競合だけでなく、本草は分解すると強毒性の青酸（HCN、シアン化水素）になる青酸

一面に広がったセイバンモロコシ純群落。やや湿った場所を好むので河川敷ではよく繁茂する（久留米市）（吉岡威）

都市部の道路脇などにも普通に生える（茨城県）

配糖体dhurrinを含んでおり、これが家畜にとって有毒で、放牧で生植物を摂食したり青刈飼料として与えられたりすると死ぬこともあるそうだ。よく乾かした乾草はほぼ安全だが、若い株、上層の葉、ストレス（刈取り・踏みつけ・乾燥・低温や霜）を受けた植物ではdhurrin含有率が高まり、また、出穂期の稈には普段の2～25倍も含まれる。

生長様式と地下部構造　やや扁平で太く赤みがかった特徴のある根茎による地下器官系を形成する。根茎の80％は深さ20cmまでに分布するが、1mにまで降下することもある。水平方向にもよく拡がり、およそ1年半で3m以上離れたところに新しいラメットを形成することも珍しくはない。根茎の発達は、1次、2次、3次と進み11月頃まで続く。3次根茎は低温期が来るまでに深く伸長し、これから翌年の新シュートが発生する。

根茎の地下部分布
上：縦に切り取った土面に現れた根茎
下：土壌を除去して見られた立体的分布

地上シュートは春期のサクラ（染井吉野）の開花期頃から次々と根茎腋芽から発生し、各シュートの基部には10月頃まで分げつ形成が続く。初期に出芽した地上シュートは6月末～7月初めには草高150～200cm前後にまで伸長する。花期（出穂期）も6～9月と長期にわたり、9月中旬に刈り取られた集団の一部で11月でも出穂が見られた（神戸市）。

なお、セイバンモロコシとススキは穂が出ていないと見間違いやすいが、葉のへりがススキのようにざらつかず、稈ももろくて折れやすいので識別できる。

繁殖・拡散様式　種子と根茎で繁殖する。種子生産量は多く、1株あたり28,000粒も生産するとの報告もある。多くの生態型で種子休眠があり、1年以上休眠状態が続く。発芽はシーズンを通して起こり、発芽後3～4週間で早くも根茎の形成が始まる。根茎断片からの萌芽力も高く、断片が長いほど再生したシュートの生長が早く、新しい根

根茎断片から生育した2年目の個体。2年目になると根茎腋芽から盛んにシュートを発生させる。根茎は太く、節間が短く、やや扁平な赤みがかった特徴的な様相をしている

茎も早く伸長し始める。

新しい土地への侵入は繁殖体である種子あるいは根茎片の移動によっている。種子は風、水によって、また、動物の身体に付着して移動する。河川敷および道路沿いに最も発生が目立つが、これは種子が水に流されたり車の通行の風圧で飛散したりして拡がったことを推察させる。種子は動物の消化管を通っても発芽力を維持できるので、鳥や家畜により摂食され排せつされた場所に侵入することもある。種子や根茎片が客土や造成用土壌に混入して侵入することも大いにあり得る。

種子は輸入家畜飼料に混入して持ち込まれることが多いため、セイバンモロコシの繁茂は畜産団地あるいは上流に畜産施設があるところで多く観察される。1990〜1995年に茨城県鹿島港に入港した濃厚飼料への雑草種子の混入状況を調査したところでは、セイバンモロコシ種子は米国・オーストラリア・アルゼンチンからのトウモロコシ、ソルガム、ダイズ、ルピナス種子に混入していた。飼料からの採集種子の発芽率は5〜30％、発芽個体を移植し生長させた場合の生存率は25〜100％であった。

制御法　本種の刈取りによる制御には、年間6回または4回以上を3年続ける必要がある。耕地内に発生した場合は頻繁な耕起を繰り返すことによって抑えられる。耕地での化学的防除は、トリフルラリンの土壌混和処理とグリホサートの茎葉処理の体系が効果的である。また、植栽内の選択的防除はフルファジホップまたはセトキシジムの処理が有効である。

本種の群落の防除はグリホサートの生育期処理が最も効果的だが、非対象雑草を保全する場合はスポット処理にとどめる。グリホサートのみでは根絶できないので、オリザリンなどジニトロアニリン系除草剤との混用が必要である。

チガヤ

イネ科

Imperata cylindrica (L.) Beauv.

再生：根茎系、株基部
繁殖：種子、根茎断片
分布：北海道～沖縄
雑草化：果樹園、芝地、植栽
地上部生育期間：4～11月
開花・結実期：5～6月

チガヤはオーストラリア、アフリカ、アジア、太平洋諸島、中・南米、北米南部にわたり世界に広く分布している。分類的に複雑で多数の変種が知られており、様々な地域において活用されているとともに、多くの栽培植物の強害草になっており、IUCN（国際自然保護連合）が作成した「世界で最悪の侵略的外来種100種」（陸上植物32種）にイタドリ、クズとともに指定されている。

チガヤは攪乱に強く、密で土壌安定に効果的な草生を形成し、痩せ地、乾燥地にもよく耐える。日本では、チガヤ草原はススキ草原やシバ草原とともに代表的な二次草原として位置づけられ、銀色の穂が群落一面に広がる美しい光景が親しまれてきた。この光景は、現在でも5～6月にかけて日本全土のあちこちでみられるものの、その中身は、各地固有の生態型が日本の風土に溶け込んだ好ましい植物から、強壮な害草に変化していると思われる。関西以西では、冬期になっても本来枯れるはずの茎葉が緑色を保つ非常に大型のチガヤが多く観察されている。

変化の原因は、温暖化もあるが、1990年代にのり面緑化用の吹き付け

どこにでも生えるが、のり面に群生することが多い（鳥取県）

道路の分離帯や側道の植込みによく発生し、植栽を衰退させている（神戸市）

材料に在来種を使うことになり、そこで使われるチガヤ種子が100％外国産（主に中国）であることの関与が示唆される。

利用と雑草害　チガヤはその植物体全体が様々に利用され、昔から日本人に非常に重宝されてきた植物である。茎葉は屋根材、肥料、飼料に、根茎は生薬（むくみ治療や止血）に、穂先は火口（ほくち）として使われてきた。

しかし、現在は果樹園では東北から南九州まで、芝地、道路・公園の植込みなどでも、競合力の強い雑草として栽培植物を衰退させている。

チガヤ群落は、よく発達した細根の土壌捕縛力の強さ、それほど高くない草高、茎葉間が適度にすいていて土壌を倦（う）ますことがない性質から、のり面・畦畔保護の自然植生としては非常に優れている。このことから、近年は高速道路や河川敷ののり面植生に利用しようと、人為的に形成することも試みられている。持続的植生としての成功例は少ないようだが、問題は施工の手法よりむしろその後の維持管理にあるとみられる。

野外での根茎垂直分布の様相（和歌山県）

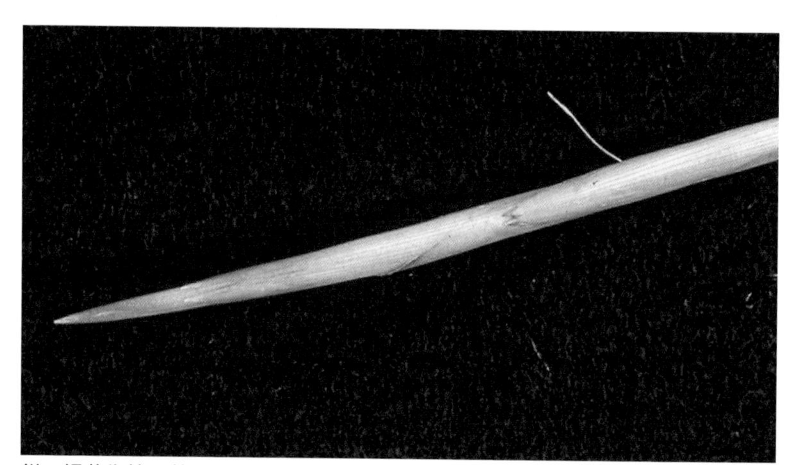
鋭い根茎先端。他の植物の直根を突き抜けて進む

良好なチガヤ群落維持には、少なくとも年間3回以上の刈込みが必要であり、また、公共事業ゆえの不適時期の植付けと養生期間を設定しないやり方では、定着前に枯死してしまう。

生長様式と地下部構造　チガヤの地下部は根茎とよく発達した細根で形成されている。根茎からの春の萌芽時期はやや遅く、4月下旬頃から前年の枯れ葉の間に新茎が伸び始め、5月下旬～6月にかけて出穂する。その後夏期もシュートが発生し茎葉は増え続ける。そして、通常冬には葉が枯れあがり、翌年の地上シュートとなる根茎頂芽をわずかに地表に見せて越冬する。根茎も地上シュートを発生させながら秋期まで旺盛に伸長・分枝する。伸長した根茎は水平方向かやや斜め下向きに伸長するが、やがて上向きに伸長方向を変え地上シュートとなる。分枝は通常3次まで形成される。

多くの根茎は深さ30cmあたりまでに分布しているが、砂地では1m以上に達することもある。安定したチガヤ群落では年間を通じて根茎の現存量が全器官の40～50％を占めているという報告もある。根茎の先端は硬く鋭く、しばしば他の草本の直根を突き抜けて伸長しているのがみられる。

繁殖・拡散様式　遠距離の裸地部分へは多数の白い絹状基毛をもつ風散布種子（小穂）で侵入する。種子は休眠性が浅く、発芽およびその後の定着も良好である。種子の寿命は比較的短い。20～35℃の恒温または20℃/30℃の変温条件下で、また明条件下の方が発芽率は高い。

根茎断片が土壌に混入して移動し、新しい土地に定着することもある。切断根茎からの萌芽率は35℃で最も高く、15℃および40℃では全く萌芽しないが、湿度80％以上の環境では死滅せずに休眠状態にあるようである。また、出穂約1か月前、つまり4月頃に切断された根茎は萌芽率が高い。

根茎断片から5か月生育した個体

種子から生育した個体。新根茎、新シュートの発生は早い

制御法　チガヤは年間4回程度刈取りすれば優占化するので、表土保全雑草（古来から土留め植物として利用）として有用だが、一方、果樹・緑化樹の樹幹基部や、植込み・生垣など植栽地に繁茂して害を及ぼすことも多く、制御の対象になる。同様に、非耕地においてもフェンス、地先ブロック、電柵、太陽光発電施設など境界部分では制御が必要である。境界域における本種の制御は、地下茎が行き止まる障壁部分と侵入源（繁殖源）となっている部分が対象となる。

完全に制御するには、耕起や刈取りでは年5回以上を数年続ける必要があり実用的ではなく、また植栽下では実施できない。本種の根絶は、グリホサートやアシュラムなどシンプラト移行型除草剤の茎葉散布を年1回、2年程度継続することにより可能である。芝生地での選択的防除は、現在のところ本剤を直接茎葉に塗布する方法しかない。植込みなどの植栽地においては、本種の生育盛期にフルアジホップPを茎葉散布するのが有効である。根絶には、年1回の処理を2～3年継続することが必要である。この他、細断された地下茎の防除や侵入防止にはトリフルラリンの土壌混和が有効である。

アズマネザサ
ネザサ

イネ科

Pleioblastus chino Makino (Franch. Et Sav.); var. *viridis* (Makino) S. Suzuki

再生：根茎系、株基部
繁殖：根茎断片
分布：ア：北海道～関東、ネ：関東以西
雑草化：鉄道、道路、田畑周辺、果樹園、林地
地上部生育期間：通年
開花・結実期：—

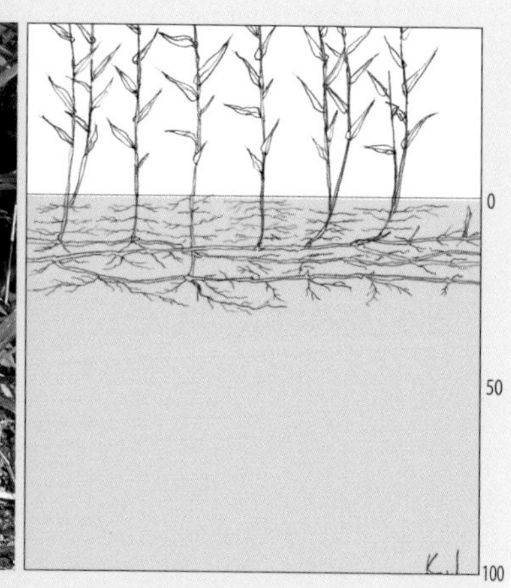

ササ類は日本の固有種として、古代より日本の草原および二次林の林床植生を特徴づける構成種として存在し、また、様々な日用工芸品の材料となってきた。このうちネザサ・アズマネザサは平地に多く、人々の身近に存在し、今日ではやっかいな雑草になっている。

アズマネザサは北海道西南部から関東に、ネザサは関東以西から九州までみられる。

雑草害　ネザサ類は北海道南部から九州まで、全国の鉄道敷の施工基面・のり面に発生が多く、強靱な根茎系を形成するため防除が困難で、対策に苦慮する雑草になっている。

また果樹園の雑草としても東北から九州まで、局地的に問題になっている。農耕地周辺にも普通に存在するので、ときには畑に入り込むこともあり、耕作放棄地の植生を構成することもある。その他、道路脇、庭園などあらゆるところに見られるが、低木植栽の中に入り込むと全く除去できず、最終的には植栽を駆逐してしまう。

生長様式と地下部構造　ネザサは常緑であり草高1～3m、アズマネザ

大半の根茎は20cm程度の深さまでに多量のしっかりした細根と絡み合ってマット構造を形成する（ネザサ、滋賀県）

サは地域によっては半常緑で存在し草高2～3mである。しかし、刈取りされるところでは草高は低く保たれるので、普段周辺で目にする集団では数十cm程度のものも多い。新葉は4～5月に展開、地上部のバイオマスは7～9月に最大となる。

地下部は30cm深あたりまでを横走する強靭な根茎としっかりした多量の細根から形成されている。根茎から数節おきくらいに地上シュートを1本ずつ発生する。成熟したシュートの土中の部分（上向き垂直根茎ともいえる）からは、細根が多く発生するとともに地上シュートの分枝も発生する。横走根茎からは分枝根茎を発生・伸長し、細根と絡み合って地下に大きなマットを形成する。

繁殖・拡散様式　ササ類は何年かに1回開花するが、開花は目立たない。周囲への拡散は旺盛な根茎の伸長力による。

制御法　本種は、年1回の刈取りによって管理ができるので、表土保全雑草として有用である。雑草害として問題になるのは、造林後の林業苗の枯死、植栽低木の毀損、放棄農地への侵入、樹木アブラムシの越夏宿主、獣害への関与（越冬期の餌）などであり、これらが生じるところは制御対象となる。

造林地においての防除は、移植苗の保護を目的に移植前に行う（地ごしらえと呼ぶ）。この地ごしらえ時の第一次防除対象がササ類の場合は、塩素酸ナトリウムまたはカルブチレート（ともに粒剤）が有効である。マツ類、スギ、ヒノキなど移植後の防除は、塩素酸ナトリウムで行える。なお、本剤は放置竹林のタケ類の防除も可能である。

低木の根鉢で持ち込まれ、植栽の中に繁茂する本種の防除はきわめて難しい。テトラピオンの冬期土壌処理またはトリフルラリンの冬期土壌混和で地下茎芽を抑制できるが、根絶には数年続ける必要がある。

ツツジを駆逐しつつあるネザサ。植込みへの侵入は植栽を全滅させることが多い

地上シュートの地下部分からも多くの発根がある。また、シュートの分枝も形成される

ヨシ

イネ科

Phragmites australis (Cav.) Trin. Steud.

再生：根茎系、株基部
繁殖：種子、根茎断片
分布：北海道〜沖縄
雑草化：河川敷、鉄道、田畑周辺、空地
地上部生育期間：5〜11月
開花・結実期：8〜10月

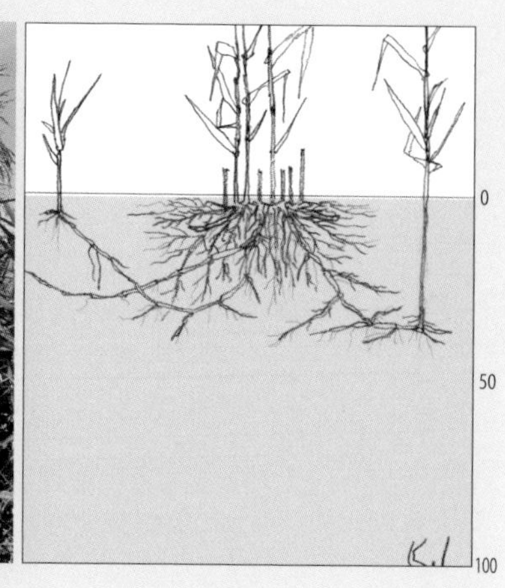

ヨシは世界の温帯から亜寒帯に分布し、日本では北海道から沖縄までの湖沼・河川の水辺を中心に大群落を作る大型雑草である。

ヨシという種自体、多型であるとされるが、よく似た種類にツルヨシ(*P. japonica*)、セイタカヨシ（*P. karka*）がある。ヨシが根茎を土中に伸ばして拡がるのに対して、ツルヨシは水流域にほふく茎を伸長させる。セイタカヨシはヨシに似るがもっと大型である。

利用と雑草害　かつては家畜の良質な飼料として、また、日よけのための葭簀（よしず）や屋根葺きの材料など、日常生活資材としても欠かせないものであった。ヨシはアシ(芦）とも呼ばれるが、初生の若芽の頃は食用になるので「よし」、生長した稈がまだ軟弱で使いものにならない間は「あし」、稈が硬くなり利用できるようになるとまた「よし」と呼んだという説もある。一方、河川のヨシ原は洪水のときの堤防を護る役目も果たしてきた。このように、もともとは人々にとって大切な植物ゆえに手を入れ管理されてきたが、昨今、無用になって各地で雑草として問題になっている。

干拓地や放棄田などに侵入し他種を駆逐して大群落を作りやすい。ヨシは浅水地に生える抽水植物と見なされがちだが、地下水位が数mよりも深

河川敷に多いヨシ群落。陸地から浅水域にかけて生育する（福井県）

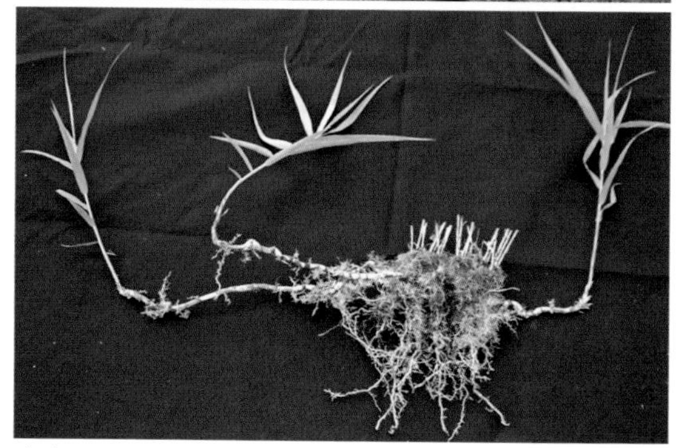

密生しているところでは細根と土壌が塊状になり根茎間は切れていることが多い。密度の低いところではどんどん根茎を伸ばして先端からシュートを発生させる（福井県）

く根が水に届かない土地でも、抽水状態と変わりなく生育する。したがって、全国の鉄道敷の施工基面・のり面での発生は多く、また、耕作地である田や畑でも雑草化することがあり、防除困難な雑草となっている。

なお、琵琶湖や宍道湖(しんじこ)において、湖岸のヨシ群落に生物多様性の担保と水質浄化を期待し、ヨシ群落の育成・保全の大規模な公的事業が実施されてきたが、枯死植物の大量のヘドロ化も問題になり、効果は明確になっていない（宍道湖ではすでに中止されている）。一つの生物種を保護することで生態系保全を試みること自体､無理があるように思われる。

ヨシは鉄道施工基面にも多い。バラストの下の深いところから根茎を上に伸ばしてシュートを出す（北海道倶知安町）

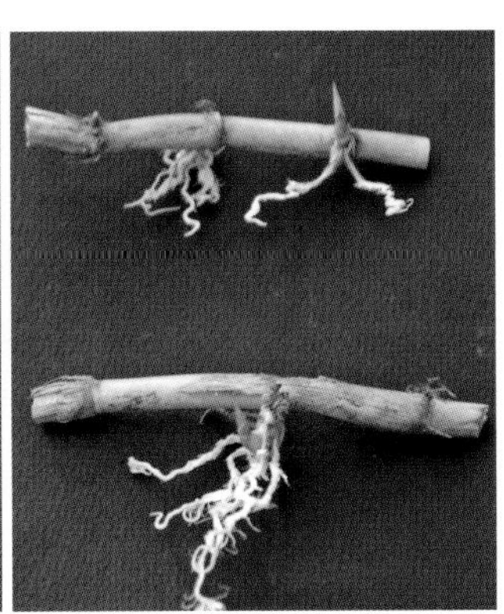

根茎断片からの萌芽。古い根茎でも若い根茎でも簡単に萌芽・発根する

生長様式と地下部構造　ヨシの地下部は、よく発達・伸長する太くて中空の根茎と大量の細根および若干のしっかりした下降根から成り立っている。非常に密な純群落を形成するが、密度の低い方に向かってどんどん根茎を伸長させる。伸長した根茎の先端は地上シュートとなり、やがて分げつして株化する。その株の基部からまた根茎が複数発生して、同じことが繰り返される。

十分に生長したシュートは草高3mほど、開花期は8〜10月である。根茎の形状や分布深度は土壌水分やシュートの密度などによって大きく異なる。地下部は湛水下においても全く嫌気状態の深さまでは入らないようである。

繁殖・拡散様式　繁殖への種子の寄与は大きくないらしい。ヨシには自家不和合集団と自家和合集団があり、前者は他家受粉で、後者は自家受粉で種子が形成されるが、稔実率の変動は大きいようである。

一方、根茎断片腋芽の萌芽・発根能力は高い。したがって、断片が客土などの土壌に混入して移動すれば、新天地での繁殖源になるだろう。また、根茎はよく伸長するので、かなり遠くまでの拡散に寄与していると思われる。とくに、途中の地中に障害物があっても、根茎は1mくらいは潜ってそれを回避していくことができる。水路のヨシが離れた鉄道施工基面で雑草化している例もあった。

制御法　雑草問題としては、放棄田や休耕田への侵入による耕作不能化､農業用水路の除草作業、溜池・湖沼の有機物堆積と蚊の生息場所、河川堤外地（低水路・高水敷）での繁茂による内水氾濫や堤防敷での刈取りバイオマス量の増加、造成工業団地緑地での発生、鉄道軌道基面への侵入、境界壁面での生育などがある。このような場面では制御が必要だが、刈取りでは生育期に年3回3年程度続ける必要がある。

化学的防除は、フルアジホップP、グリホサート､アシュラムなど茎葉吸収移行型除草剤の2シーズン継続散布が有効である。

ススキ

イネ科

Miscanthus sinensis Anderss.

再生：根茎系（株基部）
繁殖：種子
分布：北海道〜沖縄
雑草化：道路、鉄道、河川敷、田畑周辺、果樹園、空地
地上部生育期間：4〜11月
開花・結実期：9〜10月

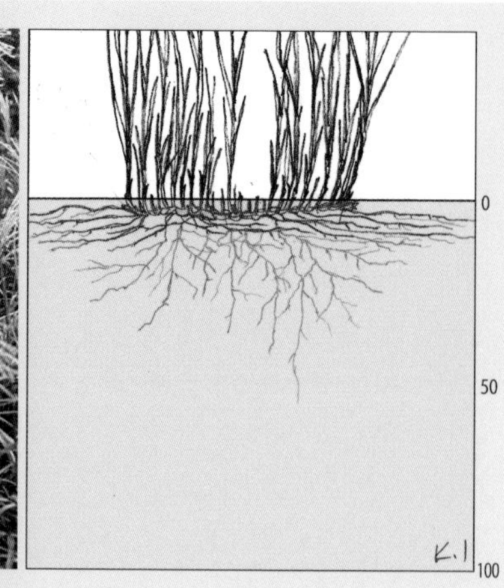

ススキ属には約20種がありアジア地域に分布し、このうち日本には水辺によくみられるオギ（*M. sacchariflorus*）を含む7種が分布している。

古来、人里には利用のための「茅場（かやば）」やススキ草原があり、日本人に親しまれてきた。これらの名残である大きなススキ群落は、銀色の穂が風になびく姿の美しさから今でも観光の対象になっていたりする。ススキが秋の七草の一つでありお月見に欠かせない尾花（オバナ）であることを知る人も多いが、この大型の多年草は、今ややっかいな雑草という存在感の方が大きい。

利用と雑草害　日本では、ススキ草原は牛馬の飼料を得る採草地や、ときには放牧地として重要な役割を果たしてきたし、茅場（カヤはススキのこと）と称してススキ群落を保護し屋根葺き用などに利用してきた。

しかし、この数十年来、日本全土の野原や河川敷、鉄道・道路敷、畦畔など非農耕地で旺盛に生育し、鉄道、高速道路などののり面では全国で最も発生の多い雑草として防除の対象となっている。また、数年を経過した休耕田ではススキが侵入し大きな株に発達することも多い。

生長様式と地下部構造　春の出芽開始は日平均気温が10℃に達する時期といわれている。出芽から開花までの期間は地域によって大きく異なり、1970年代の調査では北海道で一番短い場合60日、関東で160日、九州南部では240日くらいと地理的勾配がある。地上部は普通には冬期に枯れるが、九州など暖地では9月以降に出芽した地上シュー

現在の里山にも茅場の名残がみられる一方、鉄道のり面などではクズ、セイタカアワダチソウ、イタドリとともに主要雑草となっている

新シュートは前年シュートの株の中から発生してくる

ススキは細根がよく発達しているが，それを除去すると短い根茎が放射状に発達しているのが分かる
下左：根茎が分枝しながら拡がっていくさま
下右：根茎節に形成される越冬芽

トは緑色のまま越冬する。

地下部は、ほぼ10cm深までに放射状につながっている太く短い根茎と、深さ20cmあたりまでに多い粗剛な根群で構成されている。根茎は径1～2.5cmで1シーズンに3～5cm伸長し、1～3個の越冬芽を形成する。越冬芽の生長点は地表のすぐ下にある。根茎は中心から外側に向かって1年生茎、2年生茎……n年生茎と順々に形成されて大きな株になるが、次第に中心部の古い根茎が枯死していくつかの株に分かれていく。

繁殖・拡散様式　ススキの頴果（えいか）は苞頴の基部に多数の白毛をもっているので、風で飛びやすく新しい土地への侵入は種子によっていると考えられる。しかし、種子の発芽率は一般に悪く、野外で種子がどの程度繁殖を担っているかは疑問である。

栄養繁殖という面から見ると、上に述べたように自然に株分かれして個体数が増えていくということがある。また、砂土などの堆積を受けて10～20cm埋没した根茎の節から萌芽、発根して再生しうることが観察されている。

ススキは刈取りや踏みつけなどの地上部の損傷に対して弱く、チガヤなど他の根茎植物に比べて再生力が劣る。ススキ草原は8月～秋期1回の刈取りでは維持されるが、早期の刈取りや年2回以上の刈取り、過放牧によって衰退し、刈取りに強いシバやワラビなどが優占化する。地下部の炭水化物含量は地上茎の節間伸長開始期（6月頃）に最も低下するため、この時期の刈取りは衰退を早める。

制御法　本種は年間2～3回の刈取りによって衰退する。標的雑草となるのは年1回程度の刈取りや放置により大型化する場合である。本種の大型化は刈取り作業性を悪くするとともに年々廃棄バイオマス量が増加する。

大型株の防除は、冬期休眠期の株にカルブチレート、テトラピオンまたは塩素酸ナトリウムの土壌処理によって枯殺する。植栽内の本種の防除はフルアジホップPを春期の生育期に処理するのが効果的である。なお、グリホサートやアシュラムなど茎葉吸収移行型除草剤の処理は、株の大小や処理時期などによって効果が振れる。

スギナ
トクサ科

Equisetum arvense L.

再生：根茎系
繁殖：根腋断片、塊茎
分布：北海道〜九州
雑草化：畑地、田畑周辺、果樹園
地上部生育期間：4〜11月
開花・結実期：—

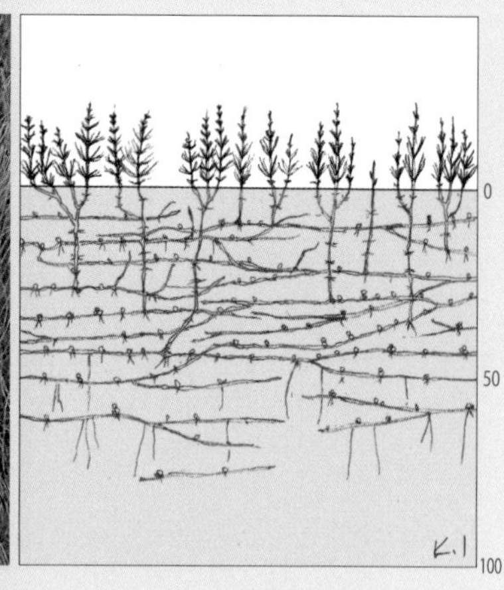

胞子茎(生殖茎) である‘つくし’の可愛い風貌やおひたしの味を楽しむなど、日本人に昔から春の訪れを告げる風物として愛されてきたスギナは、世界の温帯から亜寒帯にわたって分布しているいわゆる‘コスモポリタン’である。日本でも北海道から九州の平地・山地に分布し、非農耕地から耕地まであらゆるところにみられる。土壌適応性も、線路のバラスト下から肥沃な畑地までと広い。

スギナは分類学的にはトクサ綱トクサ属に属するが、トクサ属は1綱1属であり、この属が現れたのは2億年余り前(中生代三畳紀) らしい。この遺存的シダ植物のうち、なぜスギナだけが身近に日常的に目にする存在として現代まで残っているのかは大変興味深い。

もう一つ特筆すべきことは、我々が目にしている軟弱そうな‘すぎな’はスギナのまさに氷山の一角であり、その下には、根茎植物のなかでも他に例を見ないすごい構造が存在することである。

雑草害　スギナは冷涼な気候を好むことから、北海道では作物圃に侵入しやすい。定着してしまうと、防除は非常に難しい。昔から「地獄の鉦紐(かねひも)」「地獄の自在鉤(じざいかぎ)」などの呼び名があるように、農民泣かせの「取りにくいもの」であったそうである。

作物との競合はさほど問題にならないとされるが、穀物の収穫期に存在すると収穫・脱穀機につまったり乾燥を遅らせたりする害もある。しかし、発生が多く雑草として問題視されるのは、アスパラガスなどの多年生作物畑や果樹園である。

また、海外ではむしろ家畜の中毒、すなわち、牧草に混入した植物体が摂食した家畜(単胃動物)に生理的な障害を与えることで問題視されている。スギナにはワラビと同様にビタミンB_1分解酵素であるチアミナーゼが含まれていること、スギナを摂食したウマでB_1欠乏症が生じることが証明されている。

鉄道の道床ではなぜか昔からよく発生し、昭和

スギナは畑の雑草になると非常にやっかいである。多年生作物畑や輪作体系に不耕起期間があると侵入・繁茂しやすい
上：トウモロコシ畑（北海道長沼町）
下：アスパラガス畑（大阪府）

初期にはすでに除草剤試験が行われているので、保線関係者がその防除に永年苦慮してきたことがうかがえる。なお、スギナは群生するので、のり面保護植生に推す意見もあるが、細根の発達が貧弱なので期待できない。

生長様式と地下部構造　スギナは、たいていの場合、集団として定着しており毎年ほぼ同じところから発生する。地上では早春に胞子茎（つくし）がまず発生し胞子を散布した後に枯れるが、つくしを発生しない集団もある。続いて現れる栄養茎（すぎな）は、秋期まで（本州中部以西では大体4～11月）次々と発生・生長する。北海道では6～7月、関東以西では夏期には生育が衰えるので、生育のピークは6月頃である。

スギナの地下器官系は根茎と、そのところどころに1～数個着生する塊茎からなる。分布は1m以上の深さに及ぶこともまれではなく、量的には表層よりむしろ30cm以下の方が多くなっている。下層の根茎は真っ黒で太く硬く生き物には見えないが、掘り取って適温・適湿条件におくと腋芽がすぐに萌芽し、死んでいるわけでも休眠状態でもない。根茎には大きな通気孔があるので地上部から酸素が送られ、地下深く息をひそめて（極度の低代謝で）生き続けている様子がうかがえる。これが遺存的な種スギナが今なお多様な生育地をもつ広分布種である所以かもしれない。

静止状態のようにみえるスギナ地下部だが、地上茎の発生→貯蔵養分の蓄積・新塊茎の形成→越冬芽の形成→新根茎の形成が季節的サイクルで起こっている。新塊茎は主に春～夏期に形成され、新根茎の形成は主に秋～冬期にみられる。また、この二つの器官形成の間の夏～秋期に、翌春の栄養茎・胞子茎となる越冬

鉄道敷バラスト中のスギナは昔から保線関係者を悩ませてきた（イヌスギナ、北海道）

根茎断片から5か月生育した個体

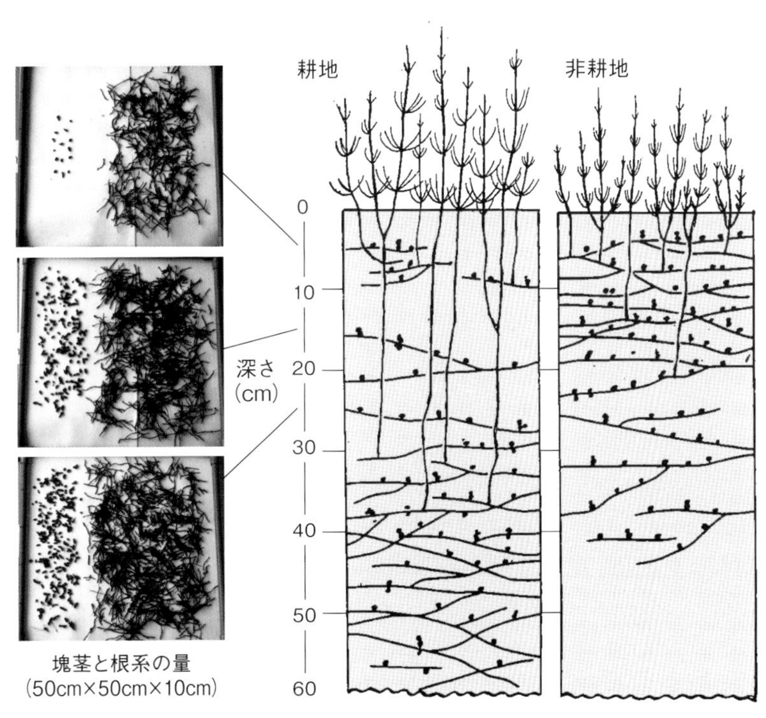

塊茎と根系の量（50cm×50cm×10cm）

スギナの地下部分布模式図。深くなるほどに根茎、塊茎の量が多くなり、根茎も太くしっかりしてくる

芽が垂直根茎の先端に形成され、地上部が枯れる12月頃にはすでに地表付近に現れ、そのまま越冬する。

繁殖・拡散様式　繁殖体は根茎と塊茎である。シダ植物なので胞子の発芽に始まる有性生殖のサイクルもあるが、実験室内で好適な条件を与え続けた場合には成功することがあっても、野外ではめったに起こらない。根茎片では節の腋芽から、塊茎では頂端から萌芽し、両者ともに年間を通して高い萌芽能力を示し、休眠期はない。好適萌芽温度は根茎では10～30℃、塊茎では5～20℃と低めで、実験材料として保存している冷蔵庫の中でも萌芽してしまう。結構深いところからも出芽可能で、1節をもつ1cmの短い根茎断片を15cmに埋めても5cmに埋めた場合と同様に出芽・生長した。塊茎は根茎から離脱してばらばらになることで萌芽可能となる。

畑地への侵入は周囲の畔や農道から、耕起が長期に行われない期間（輪作体系の中でのムギ類や牧草栽培の期間）に起こる。その後の拡散は、耕起の機械に地下部の断片が引きずられて起こることが多い。分布拡大速度については、6年間で1haに達するという試算もある。一方、緑地におけるスギナの侵入は、地下部断片が客土や苗木の根鉢土壌・芝ソッドなどへ混入していて持ち込まれると考えられる。

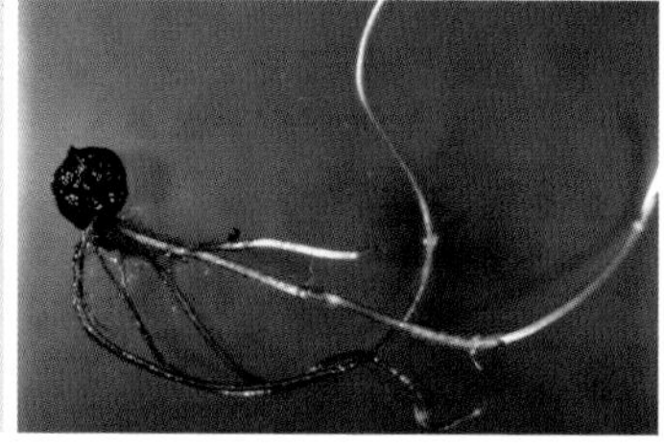

根茎、塊茎からの萌芽の様相

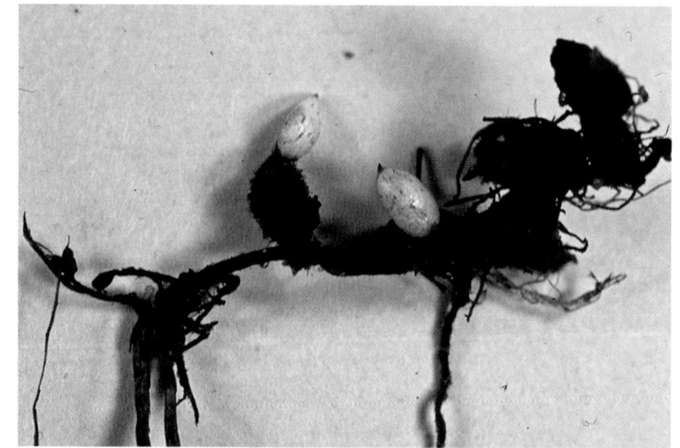

塊茎は上に重なる形で1節に多く着いていることも多い

冬を迎える12月の越冬芽。栄養芽（左）は土地を1～2cm取り除くと見えるが、胞子芽はすでに地表に顔を出している。前年には翌春の準備ができている

制御法　播種前の耕起と土壌処理剤（アトラジン以外）が処理されている一年生作物畑では、かりに侵入しても定着しない。しかし、一旦定着すると生育期の耕起は多くの根茎を切断し散布することになり、むしろ繁殖を助ける。一方、冬期の耕起は地表近くに来ている越冬芽を低温・乾燥にさらすことになり効果的である。

とくに根絶が必要なければ、非選択性除草剤グルホシネートの茎葉散布で防除が可能だが、地下茎を枯殺する効果はほとんどない。鉄道敷や繁殖源となる群生地を標的とする場合は、DBNの土壌処理またはアシュラムの生育期(6月頃）茎葉処理が有効である。畑地に蔓延した場合は、冬期に耕し、DBNおよびトリクロピルの土壌混和処理が有効である。1回の処理では根絶できないが、翌年の発生個体に連続して同様の処理を行うことによって制御が可能である。

なお、スギナは酸性土壌を好むので石灰を施用して抑制しようという話も聞くが、海外ではスギナは中性～弱アルカリ性土壌を好むという報告もあり、酸性土壌を好むという説は、たぶん、日本では湿性黒ボク土や痩せ地（いずれもpHが低い）によく生えることからの誤解であろう。

イヌスギナ

トクサ科

Equisetum palustre L.

再生：根茎系
繁殖：根塊断片、塊茎
分布：北海道～本州中部
雑草化：畑地、河川敷
地上部生育期間：4～11月
開花・結実期：—

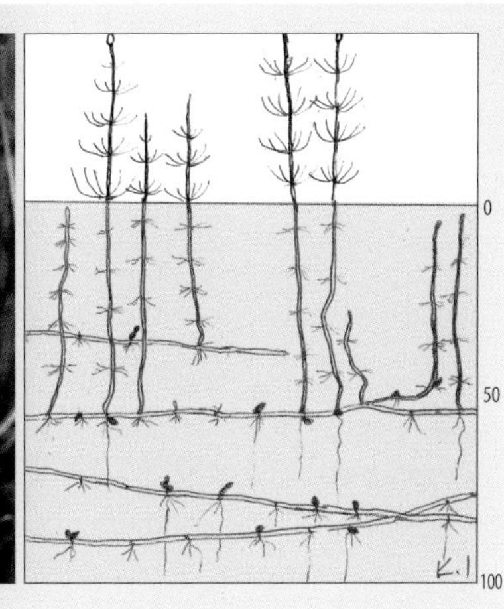

イヌスギナは北海道、本州中部以北の低湿地に分布するが、発生は局地的でスギナのように目立つ雑草ではない。北方に多く、世界的には欧州北部、北米北部、中国、シベリヤなどに分布している。

雑草害　イヌスギナが問題になるのは採草地に生えた場合で、この草が混入した乾草を与えられた乳牛は中毒症状を呈することが知られている。イヌスギナの植物体にはアルカロイドやスギナと同様にチアミナーゼが含まれる。乳牛はイヌスギナの乾草100g前後を摂食すると下痢症状を起こして乳量が10～15％低下する。また毎日2gの乾草を継続給餌されると乳量が低下したなどの報告がある。北海道などでは、ときには畑にも侵入し、鉄道敷にもみられる。

生長様式と地下部構造　イヌスギナの栄養茎と胞子茎はよく似ており、胞子穂がつくまで見分けがつきにくい。両茎は春に出芽した後7月頃にかけて草高80cm程度にまで伸長して、胞子茎にはその先端に胞子穂が着く。夏期には一旦生長が衰え倒伏したり一部が枯化したりするが、秋に再度発生して11月頃まで生長する。

地下器官系の基本形はスギナと同じで、横走根茎とその節から直上して地上茎につながる垂直根茎からなり、ところどころの節に1～数個の塊茎が着生する。横走根茎の分布深度は深く、30cm以下に多くみられ、毎年発生するようなところでは1.5m程度に達しているらしい。

繁殖・拡散様式　胞子による繁殖はまれだと思われる。一方、根茎断片も発根が不良で乾燥にも弱いため、スギナに比べて栄養繁殖体としての価値は低い。しかし塊茎はよく萌芽する。

制御法　制御の対象地は、発生するとワラビと同様、家畜に影響を及ぼす採草地である。

本種の選択的防除はアシュラムまたはトリクロピルの生育期散布が有効であり、根絶には2シーズン程度の連続散布が必要である。

スギナとイヌスギナの形態的な違い

	胞子	栄養茎	歯片（はかま）	根系
スギナ	胞子茎（つくし）ができてその先端につく	直立または基部のみ倒状、溝ははっきりして主茎は6～8角形で空隙は小さい	披針形	上層のものは褐色で薄く毛がある。溝がはっきりし、空隙は小さい
イヌスギナ	栄養茎の先端に形成される	直立でスギナより高い。溝はゆるやかで主茎は円節状で空隙が大きい	披針形で、縁に透明の膜がある	黒っぽくつるつるした円筒形、空隙は大きく、古いものではほとんど中空である

ワラビ

コバノイシカグマ科

Pteridium aquilinum (L.) Kuhn

再生：根茎系
繁殖：根茎断片
分布：北海道〜沖縄
雑草化：牧草地
地上部生育期間：4〜10月
開花・結実期：—

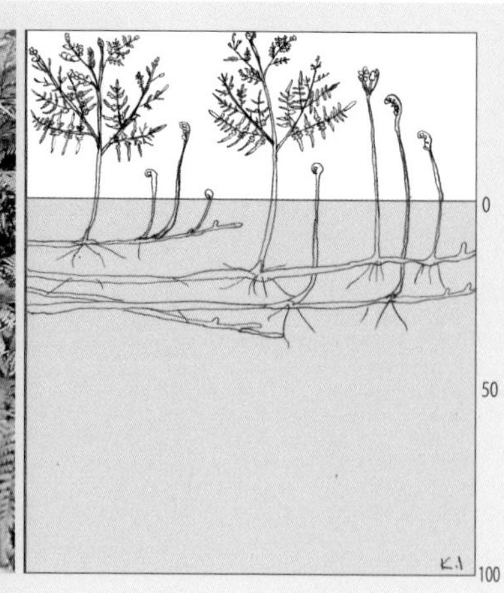

ワラビは*Pteridium aquilinum*とされるが、この種は形態的な変異が大きく数個の変種に分けられており、広義のワラビはヨーロッパ、アフリカ、アジア、オセアニア、北米および南米の温帯から亜熱帯にわたって広く分布する。

日本ではワラビは北海道から沖縄まで日当たりのよい山地や山野に近い荒地によくみられ、食用や薬用として地域生活になじんできた植物である。

利用と雑草害　古来わらび粉としてデンプンが利用されてきたほか、季節の山菜としても東アジア各地で食されてきた。近年、その有毒性が明らかになるにつれ利用は減少しているが、なぜか日本人は気にせず食しているようだ。ワラビの人間や家畜に対する発ガン性を示唆する研究も多い。発ガン物質は食用にする若芽に最も多く、灰や重曹であく抜きしたり塩漬けの後ゆでたりした場合でも、その含量は減るが消失するわけではないと報告されている。

牧草地に繁茂するワラビを家畜が摂食すると様々な疾病を引き起こし、とくに採草地に侵入すると乾草に混じって家畜に給餌されるので危険である。牛のワラビ中毒として日本でもよく知られているのは汎骨髄労（再生不良性貧血）と呼ばれる病気で、発熱、下痢、粘膜からの出血、血尿などの症状を呈し重症の場合は死に至る。また、ビタミンB_1を分解する成分を含むので、馬など反芻胃をもたない家畜にも有害であることが分かっている。

なお、英国では草地のワラビ問題は雑草学会の設立の契機になるほど深刻であったが、その画期的な対策に日本人が貢献した。

生長様式と地下部構造　ワラビの地上部は葉柄と葉身からなる葉である。若芽の発生は近畿地方では4月下旬〜5月上旬に始まり、その後も発生・生長を続けながら葉は1m程度に達するまで生長するが、秋の低温で枯死する。

地下部には主根茎と多数の分枝根茎からなる根茎系が発達する。主根茎は20cmほどの深さまで分布し、径1〜1.5cmと太く節間は長くて、節からは短い分枝根茎だけを発生する。葉は分枝根茎の

土壌断面で観察される黒くて太い根茎

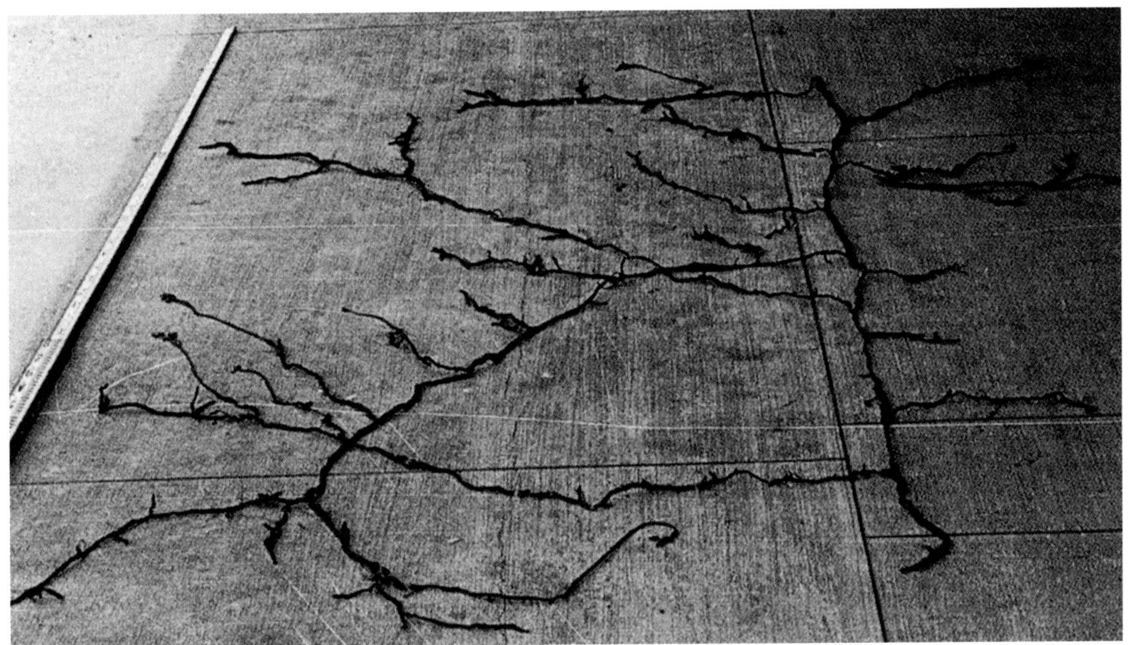

根茎系の様相。長い主根茎から短い分枝根茎がたくさん発生している（掘り取り・撮影：滋賀県甲賀町）　（伊藤幹二）

先端に近い節から派生する。また、成葉の葉柄基部には腋芽が複数個形成され、この腋芽は0.5～1cmで伸長を停止し休眠状態で何年も生存する。根茎の寿命も長いようで、主根茎の生存年数が35年、50年などと見積もられていたりする。一方、伸長力の方は20cmの断片から2年間で計3～8mという例に見られるように、根茎をもつ雑草の中ではそれほど旺盛とはいえない。

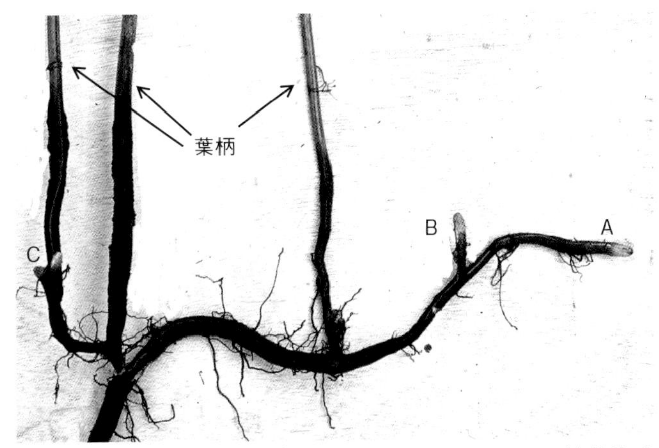

根茎にある様々な芽（生長点）　（伊藤幹二）
A：根茎として伸び続ける、B：萌芽して新葉となる、C：葉柄基部の腋芽で休眠中

繁殖・拡散様式　繁殖体としては胞子と根茎、塊茎がある。胞子は葉の裏面の縁に沿って生じる胞子のう群に多数形成され風で飛散するが、野外での実際の繁殖は大半が根茎によっているとみられる。

根茎が部分的に枯死したり機械的に分断されたりすると、休眠状態にあった腋芽が萌芽して新しいシュートが形成される。

制御法　本種は、牧野・草地の有毒雑草である。シカなどの野生動物では不食草だが、放牧牛による誤食、乾燥飼料への混入、家畜飲料水への混入、牛乳への移行などによって家畜被害が生じる。

歴史的に難根絶雑草ではあったが、現在はワラビの展葉盛期にアシュラムを茎葉散布処理することによって選択的な根絶ができる。英国では、森林の林床生態学の研究現場でさえ、アシュラムによるワラビ防除が徹底されている。一方、日本では昨今、奈良公園の若草山のイネ科草本がシカの食害によってワラビ山化し、その対策に苦慮していることが報じられている。

ヒメスイバ

タデ科

Rumex acetosella L.

再生：クリーピングルート系、株基部
繁殖：種子、根断片
分布：北海道〜九州
雑草化：芝地、牧草地、果樹園
地上部生育期間：通年
開花・結実期：5〜7月

ヒメスイバはユーラシア原産で、北半球の温帯地域に広く分布している。日本には明治の初めに入ったと思われる帰化植物であり、現在は北海道から九州まで分布しているが、冷涼な地域の方が発生が多いようである。

路傍、芝生、草地、樹園地などに普通にみられる。日当たりのよい土地を好み、酸性土壌でも痩せ地でもよく生育する。

雑草害　草高が低いので他の拡張型多年草ほど問題にされないことが多いが、果樹園では全国的によく発生している。ゴルフ場などの芝地では雑草として防除の対象になっている。また、茎葉はシュウ酸を含み家畜の飼料としては好ましくないので、牧草地に繁茂すると問題である。

生長様式と地下部構造　地下部はあまり太くなく、黄味を帯びた横走根と下降根からなるクリーピングルート系である。横走根はほとんど5cm深くらいまでの浅いところに分枝を出しながら拡がり、そこから発生する下降根も40cm以下への分布はごく少ない。横走根からかなり密な間隔で地上シュートを発生し、また、ある程度生長したシュートの基部からは密にシュートを発生して大きな株になる。

草高は20〜50cm。ロゼットは一年中みられ、ロゼット葉で越冬して春から茎を伸ばして花序を形成する。開花は5〜7月頃で、細い茎の節に小花をまばらに輪生する。通年ロゼット葉があることから、刈取りや踏みつけに対して耐性が高く、これが芝生によく定着して防除困難な所以であろう。

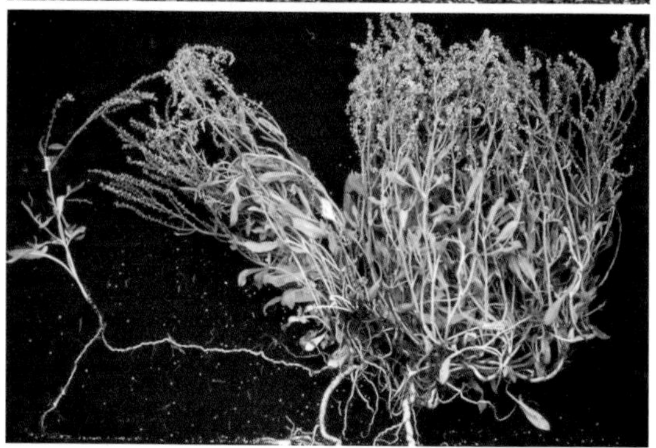

集団は様々なサイズのシュート（ロゼット）で構成されている。これらはたいていクリーピングルートでお互いにつながっている（北海道芽室町）

ヒメスイバは雌雄異株であり、雌株と雄株では環境に対する適応性がかなり異なること、古い群落では雄株が優占化することが知られている。

繁殖・拡散様式　種子、根断片ともに繁殖体と

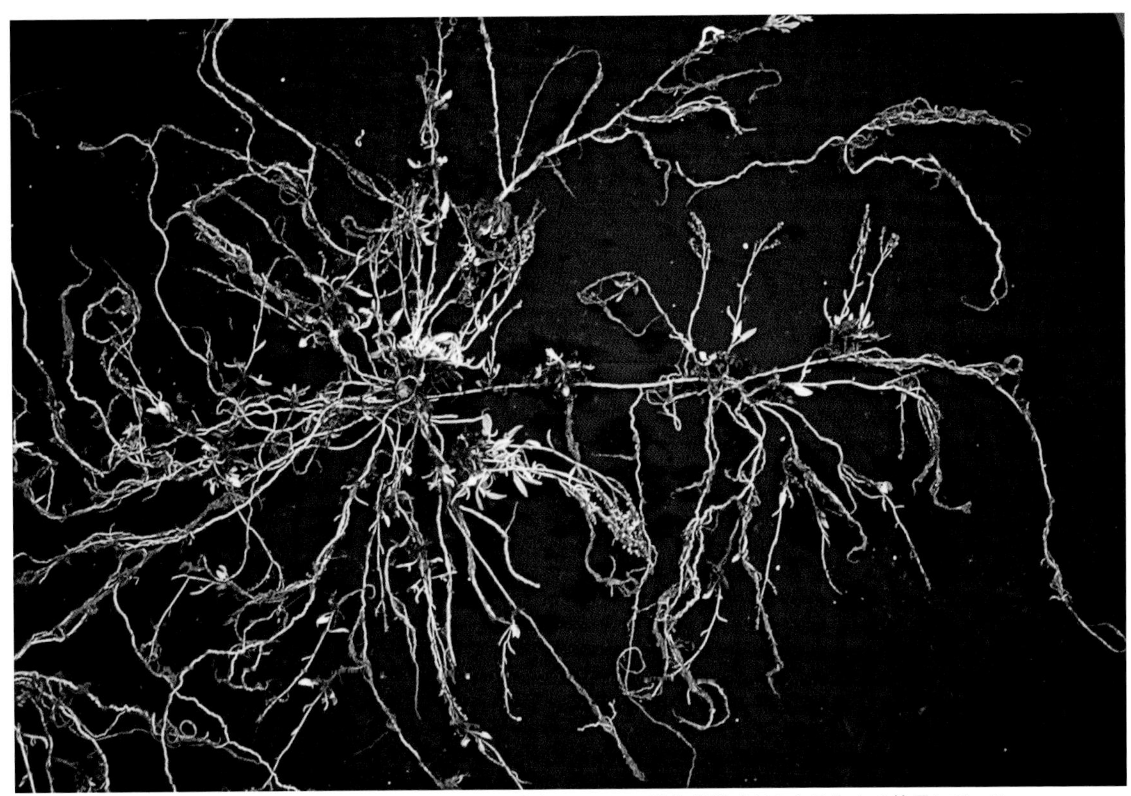
根断片から1年間生育した個体。クリーピングルートは地上シュートの発生部位よりかなり先まで伸長している

なる。種子は休眠性があり寿命が長く、森林腐植中で14年生存したという例もみられる。休眠覚醒に最も必要な条件は乾燥であり、とくに高温・乾燥が有効であるらしい。乾燥が続いた岩場で全植生が死滅した後、最初の雨で発芽してくるのはヒメスイバであったという報告もある。新天地への侵入は、クローバやシバ類などの市販種子への種子の混入によることが多いようで、米国では多くの州で種子法の対象となっている。

根断片からの萌芽と発根

根はどの部分の断片でも速やかに不定芽を形成し、よく萌芽・発根するので、土に混じって移動した場合、新しい土地での有効な繁殖源となるであろう。また、定着した個体の横走根の地下での拡がりは、地上茎の分布から類推されるよりもはるかに広い。

制御法　牧草地および芝地における選択的防除は、春期出穂前または秋期生育期にアシュラムを散布するのが有効である。なお、耕起などで繁殖体が拡がった場合は、IPCまたはDBNの土壌混和処理が有効である。

果樹園などでは、通常、非選択性吸収移行型除草剤を使用すれば大きな問題とはならない。

ヤブガラシ

ブドウ科

Cayratia japonica (Thunb.) Gagn.

再生：クリーピングルート系
繁殖：種子、根断片
分布：本州～沖縄
雑草化：果樹園、道路、鉄道、空地、植栽、フェンス
地上部生育期間：4～11月
開花・結実期：7～10月

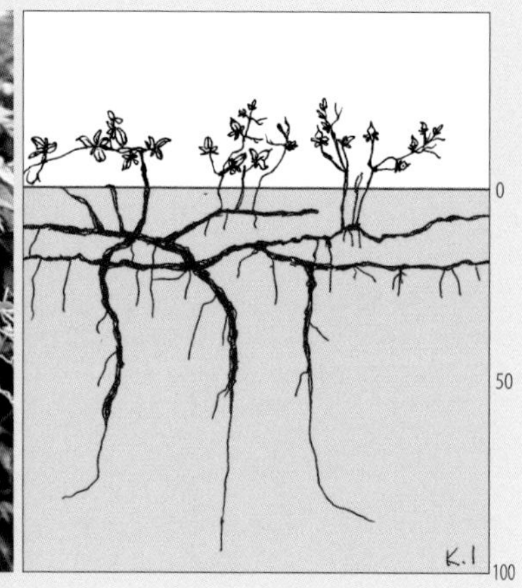

ヤブガラシはオーストラリア・アジア原産で、*Cayratia*属としては東南アジア、インド、オーストラリアなどにわたって広く存在している。日本では主として本州以南に広く分布し、野原、川原、堤防、藪、空地などに繁茂するとともに、樹木植込み、路傍、各施設のフェンス、樹園地、造林地、また沖縄ではサトウキビ畑でやっかいな雑草となっている。

旺盛につるを伸長させ、藪を枯らし家を貧乏にするというのでヤブガラシ、別名ビンボウカズラと呼ばれる。米国でもテキサス州など南部で遮光による樹木の衰退化を起こし、外来雑草として問題視されている。

利用と雑草害　古くは、利尿・解毒などの漢方薬として利用もあったそうだが、生育旺盛なつる性植物であることから、フェンスや生垣、庭園木、果樹などに這い上がって覆いかぶさり、様々な障害を起こす。一旦定着してしまうと、除去することはきわめて難しい。果樹園ではとくに関東から中四国にわたる地域で問題雑草となっている。沖縄県では近年、サトウキビ畑の雑草として県として対策の指針が出されるほどの被害を与えているが、これは主にヒイラギヤブガラシ（*C. tenifolia*）である。

雑草害は単に有用植物の被陰だけではなく、暖地ではアブラムシの宿主になっていることも知られている。5～11月にヤブガラシ上で成育し、冬期はハイビスカスなどに住み、翌春キュウリ、ナス、温州ミカンなどに産卵してこれらに害を与え、その後またヤブガラシ上で成育するというサイクルが明らかになっている。

生長様式と地下部構造　ヤブガラシという植物を特徴づけているのは、その巨大なクリーピングルート系である。縦横に走る根は太く、地下30cmくらいまでは横走したり斜めに走ったりするものが多く、そこから下降する根が70～100cm以上の深さに伸びるが、その先端はまた横走する場合もあり、他のクリーピングルート系雑草に比べて構造に規則性が小さい。

横走根のところどころから地上シュートを発生するが、茎が地表に届くまでの部分は垂直根茎として、その腋芽からも多くの新シュートが発生する。4月頃から赤紫色をした芽が現れ、ときどき

つるがフェンスにからみつくのはよくある光景だが、よじ登らず地表を覆うこともある

クリーピングルート系の様相。非常に太い根から細い根まで入り混じる
地上シュートにつながる地下部分（垂直根茎）の腋芽からも多くのシュートが発生する（白色で先端がかぎ状の部分）

春先の特徴ある芽生え

浅い層を横走する根からも混生不定芽を形成してシュートを出してゆく

根断片からの萌芽と発根

分枝しながら他の植物や構造物にからみつき生育期間を通じて数m伸長する。巻きひげの先端で「味見」して同じヤブガラシには巻きつかないようにしているそうである。冬期には地上部は完全に枯れる。

繁殖・拡散様式　種子および高い萌芽力をもつ根の断片が繁殖体になるが、詳細はよく分かっていない。ヤブガラシの液果は鳥に食べられるので種子によって遠隔地に伝播すると考えられる。また、クリーピングルートは攪乱のない条件では2シーズンで5m以上遠くまで伸長するので、地下を通じての拡散も大きいであろう。

制御法　本種は刈取りによって増え拡がる雑草である。制御対象となる場面は、つるの登攀によるサトウキビの被害、樹木の植込みや生垣の被覆害、フェンスや防止柵の視認性の低下、電柵・センサー・電子盤などの機能障害、空き家や所有者不明土地の景観悪化など多岐にわたる。

生育期になっての本種の防除はほぼ不可能なので、制御の基本は、冬期休眠期の化学薬剤の土壌処理または潅注処理である。有用植物への影響を考慮する必要がなければ、設置構造物面に沿ってテブチウロンまたはカルブチレートの土壌処理または土壌潅注を行う。有用植物またはイネ科雑草への影響を避ける場合は、トリクロピルの土壌潅注が有効である。耕起などで細断されたクリーピングルートの不定芽の枯殺は、トリクロピルまたはDBNの土壌混和処理が有効である。以上の処理はいずれも冬期に行うのが効果的であり、越冬芽や不定芽が生長を始める春期になると効果が劣る。

ガガイモ

キョウチクトウ科

Metaplexis japonica (Thunb.) Makino

再生：クリーピングルート系
繁殖：種子、根断片
分布：北海道〜九州
雑草化：果樹園、畑地、植栽、フェンス
地上部生育期間：5〜10月
開花・結実期：6〜9月

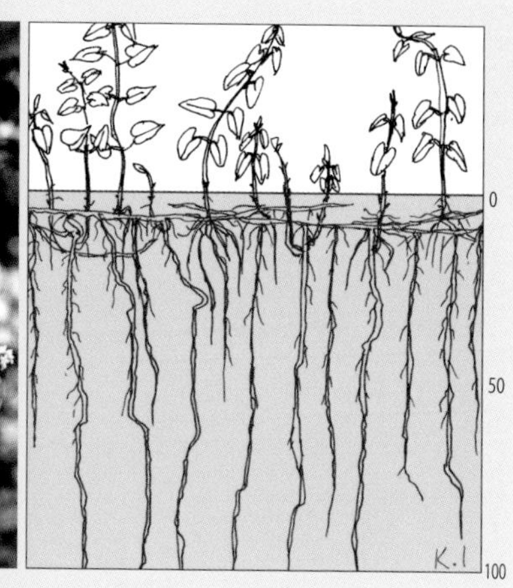

ガガイモは東アジア一帯に分布し、日本では北海道から南九州までにわたって路傍、堤防、空地などに普通に生え、ときには耕地に侵入して害草となっている。日当たりのよい立地を好むが軽度の遮光下でもよく生長する。シュートはつる性で2〜4mに達し、繊維質で強く、切断すると白い乳液が出る。管理の粗放なミカン園や飼料作物畑などで局地的に大発生する場合がある。

国外ではガガイモ自体が雑草化しているという報告はない。しかし、北米では同じガガイモ科でクリーピングルートをもつcommon milkweed（*Asclepias syriaca*）およびhoneyvine milkweed（*Ampelamus albidus*）が穀倉地帯の不耕起栽培で問題雑草になっている。

雑草害　本種は生長に支持体を必要とするので、つるが作物や樹木・植込みにからみついて、これらを覆い、有用植物に大きな打撃を与える。発達したクリーピングルート系から容易に地上部を再生できるので、一旦侵入すると防除は大変困難である。

生長様式と地下部構造　ガガイモの生長は、よく発達したクリーピングルート系による。地上シュートの発生は4月中旬〜5月上旬頃に開始するが、これらの生長と平行して、2〜3か月にわたり地中に拡がった横走根のあちこちから、だらだらとシュート発生が続く。生長は9月下旬〜10月に

飼料作物畑に蔓延したガガイモ。多数の根から構成されるクリーピングルート系を発達させ、耕起で断片化した根の萌芽で個体数と分布を増やす（三重県嬉野市）
（浦川修司）

停止し、冬期には地上部は完全に枯れる。開花も6月中旬頃～9月まで長期にみられ、淡紫色の小花からなる総状花序をつける。

クリーピングルート系は横走根とこれからほぼ垂直に下降する根で構成されている。横走根はときどき分枝を出しながら、地下5～10cmの浅いところに拡がり、1年間に1本が5mも伸長したという例もある。この横走根からは不規則な間隔で地上シュートを発生するとともに、多くの垂直根を下降に伸長させ1m深以下にまで侵入する。伸びきった横走根の先端は下降して終わる。根には表面がなめらかで比較的まっすぐな直径2～5mm程度の部分と、表面がぼこぼこした直径5～9mm程度の太い部分が入り混じっている。後者はデンプンを多く含み貯蔵根としての役割があるようだ。

繁殖・拡散様式　繁殖体は種子と根断片だが、伝播には種子の、繁殖には根の役割が大きい。ガガイモは着花は多いが結果率は0.3%と低く、かつ未熟種子が多い。稔実種子の発芽率も40～50%程度と低いが、扁平で束になった絹状毛が着いている風で飛びやすい形状によって、新しい土地への侵入には役立つ。

一方、根断片による栄養繁殖はきわめて旺盛である。適当な温度と水分があれば生育期間を通じて萌芽可能であり、5cm以上の断片であれば80%程度の萌芽率が得られる。実際、ガガイモが蔓延しているトウモロコシ畑では、播種前のロータリ耕で切断された根断片（平均10cm）の65～70%が萌芽してきたという記録もある。経年的な調査によれば、1年目5月に根片2本を植え込んだところ、3年目には733本と驚異的な数のシュートが元の位置から8m離れたあたりまで、まんべんなく見られた。

制御法　ヤブガラシなど、つる性雑草と同様に、植栽木への登攀と被覆、フェンスや設置機器への登攀などの害があるが、支持体がフェンスなどの場合の効果的な制御としては、冬期にテブチウロンの土壌処理またはトリクロピルの土壌潅注が有効である。植栽内の防除はDBNを冬期に表層混和しておく。

トウモロコシなど飼料作物畑では、春期の耕起は細断された根による繁殖で著しく繁茂を促進するので、できるだけ避けたい。しかし、晩秋から厳冬期の耕起は低温と乾燥で根断片の枯殺に効果がある。それに合わせて、DBNまたはトリクロピルの土壌混和処理をすれば、さらに有効である。

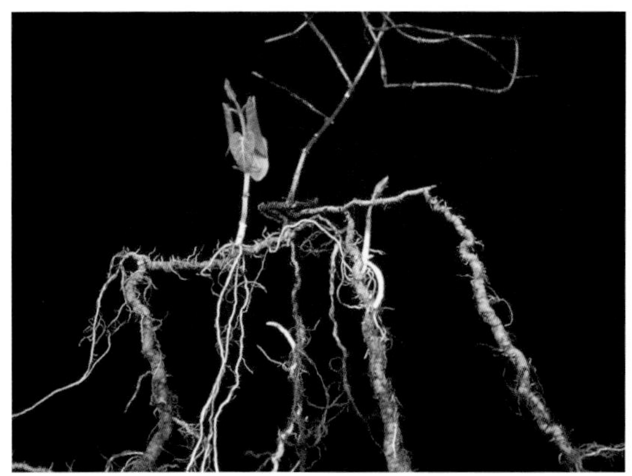
貯蔵根のようなボコボコした根も多くみられるが、これらも萌芽・シュート形成力が高い

横走する根も次々とシュートを発生していく

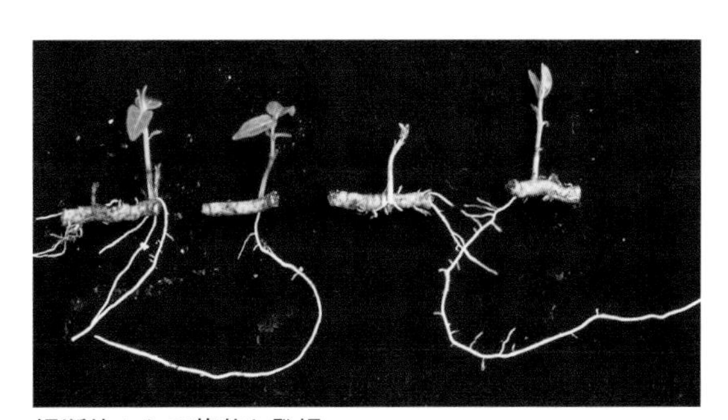
根断片からの萌芽と発根

セイヨウヒルガオ

ヒルガオ科

Convolvulus arvensis L.

再生：クリーピングルート系
繁殖：種子、根断片
分布：北海道南～九州
雑草化：鉄道、畑地、果樹園
地上部生育期間：5～10月
開花・結実期：6～9月

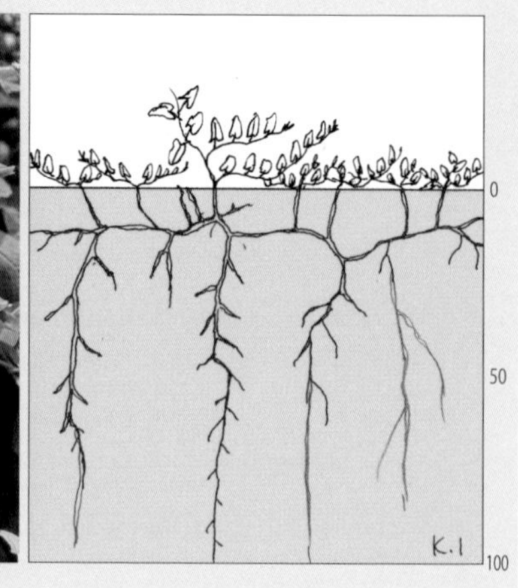

ヨーロッパ原産の帰化植物で、日本では鉄道敷、とくに貨物線の軌道敷バラスト部分などに局在してみられる。明治時代に鑑賞用として栽培された記録があり、野生のものが目立つようになったのは第二次大戦以降である。

世界的には温帯域を中心に北米、ヨーロッパ、中東、オセアニア、南米に広く分布し、作物畑、庭園、空地、果樹園、道端、鉄道敷などで生育している。海外では作物の重要な雑草のため、その生理・生態について多くの研究がなされている。京都で畑地に種子から栽培してみたところ非常によく繁茂し、日本でこの草が一次帰化地周辺にとどまっているのが不思議にも思える。

雑草害　畑や果樹園でも発生が確認されているが、日本では通常、他のヒルガオ科雑草ほど問題視されていない。世界的には穀類、マメ類、イモ類などの主作物をはじめ32種にのぼる作物の重要な害草になっている。

生長様式と地下部構造　生育の基本形は、10cm深までの浅いところを水平に拡がる横走根と、これからほぼ垂直に下降する根で構成されるクリーピングルート系である。横走根の先端も下降する。下降する根の分布は深く、ある調査では実生から1シーズン生育した後には1.3～1.7m、3シーズン生育した後には4.6mにまで侵入したのが観察されている。

地上シュートは、横走根のあちこちから春～初秋まで順次萌芽・発生し、つる性の茎を発達させ

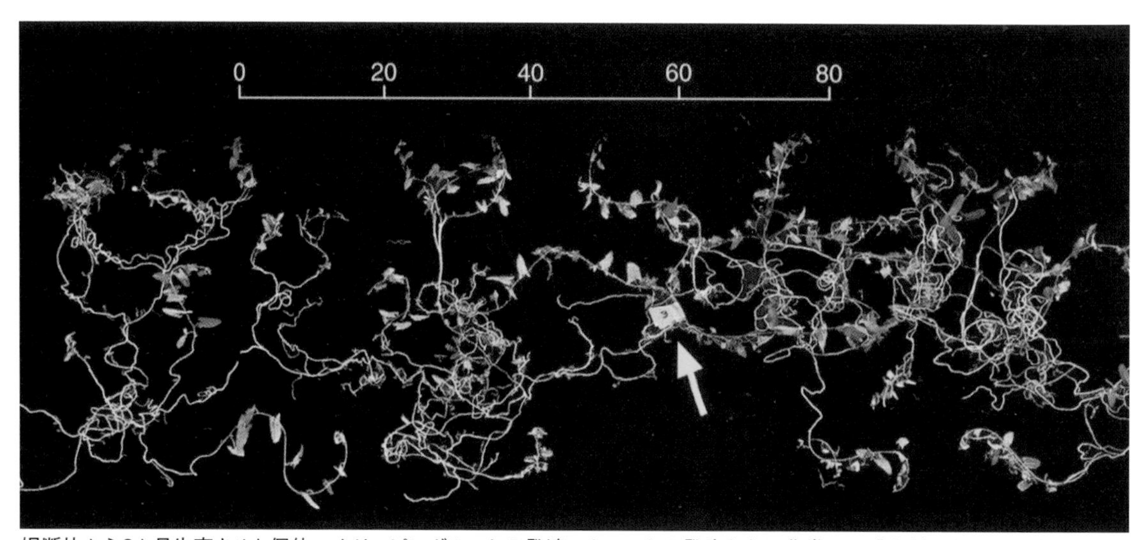

根断片から6か月生育させた個体。クリーピングルートの発達、シュートの発生ともに非常に旺盛な種であることが分かる

る。よく分枝し、折り重なり巻きつきあって地面を被覆し、他の植物などにからみつく。自家不和合性で、葉の形態、栄養繁殖力、開花期間や花の形成数などの形質に変異が大きい。

繁殖・拡散様式　種子と根断片両方で繁殖するが、繁殖体としての根断片の役割はどちらかというと補助的である。種子の形成は乾燥し日当たりのよいところで多い。硬実のため土中に埋まったり鳥や動物の消化管を通過したりして種皮が軟化しないと発芽できないが、休眠覚醒した種子の発芽は良好で、5～40℃の広い温度範囲で明暗いずれの条件でも発芽する。また、種子の寿命は土壌中でも20年以上と長いことが知られている。

個体は非常に若い時期から再生力をもち、茎を地表面下1.3cmで切り取った実験によれば、播種後20日しか生長していない実生の20％が、また50日後の実生ではすべてが地上部を再生したと報告されている。一方、断片化した根の繁殖体としての働きはそれほど旺盛ではないようだ。すなわち、萌芽はするが、その後の発根が悪く生長しない場合が多い。

つまり、セイヨウヒルガオが拡がるのは、耕起などによる栄養繁殖体（根断片）の散布によるよりも、むしろ種子繁殖による実生が地上部の損傷にあっても速やかに再生し、水平方向へ旺盛に側根を伸長させることで、親植物から離れたところに確実に定着できるからであろう。

制御法　刈取りでは防除できないが、耕起を繰り返すことによって制御が可能な雑草である。本種の雑草害は、他のつる性雑草と同様に支持体への登攀と被覆だが、一旦登攀を許すと防除が困難となるため、本種の休眠期に防除するのが確実である。

登攀構造物がフェンスなど器物の場合は、冬期にテブチウロンまたはカルブチレートの土壌処理を構造物から1m程度の範囲に行う。植込み内で発生する個体は手取りで行うが、侵入源の枯殺はDBNまたはトリクロピルの冬期土壌混和処理が有効である。

2年間生育した集団の地下断面。垂直根が多数、深くまで侵入している

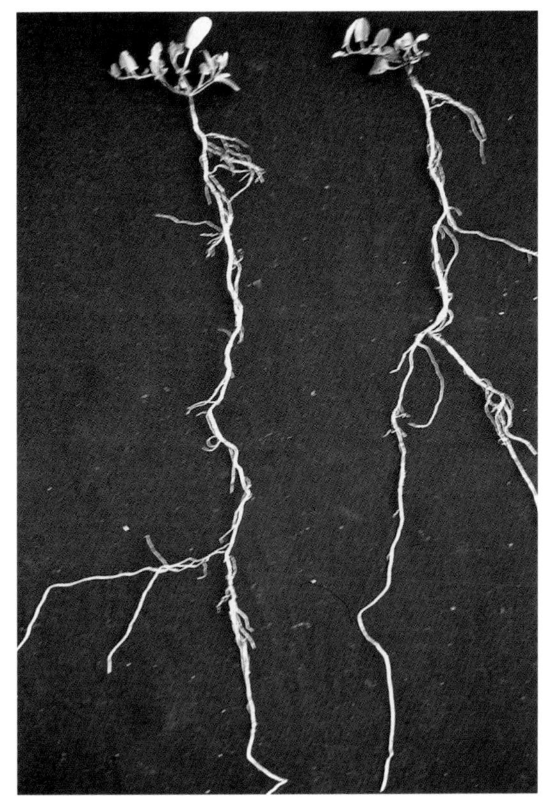

種子から発生した幼植物。まず根を深く伸長させるのがセイヨウヒルガオの特徴

ハルジオン

キク科

Erigeron philadelphicus L.

再生：クリーピングルート系、株基部
繁殖：種子、根断片
分布：北海道〜九州
雑草化：果樹園、芝地、空地
地上部生育期間：通年
開花・結実期：4〜5月

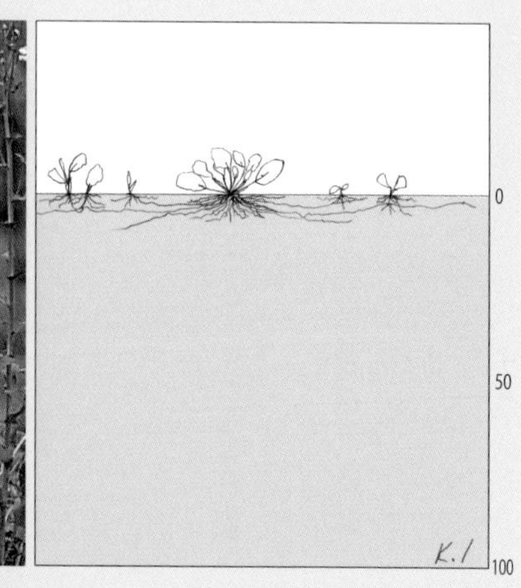

春を迎えると、青色のオオイヌノフグリあたりに始まり、紫、赤、黄と次々と雑草の開花がみられるが、その終盤に白色の花とピンク色の項垂れた蕾をみせるのがハルジオンである。

本草は、北米東部原産で温帯〜熱帯に分布し、主に北米と東アジアに拡がっている。日本には1920年頃（大正時代）帰化したとされ、まず関東一円に定着したが徐々に分布を拡げ、現在は日本全土の都市から郊外の非農耕地、樹園地、草地、畑と至るところに見られる。とくに湿潤な土地を好む。

花（頭状花）や植物体の形状が同じ頃に開花するヒメジョオン、ヘラバヒメジョオン（一年生あるいは二年生）などと一見類似するが、ハルジオンでは茎が中空であること、花は蕾の段階では下向きであることなどで区別できる。

雑草害　果樹園、草地、芝地・庭園などで、ときに多くの発生がみられることがあり、その場合は防除の対象になる。ハルジオンは生育がよいと草高1mにもなるので、果樹、とくに柑橘類では下枝に十分届く。芝地や庭園・花壇などでは本草のロゼット葉が被陰と物理的抑圧によってシバや有用草本の生育を阻害する。また、花粉症の抗

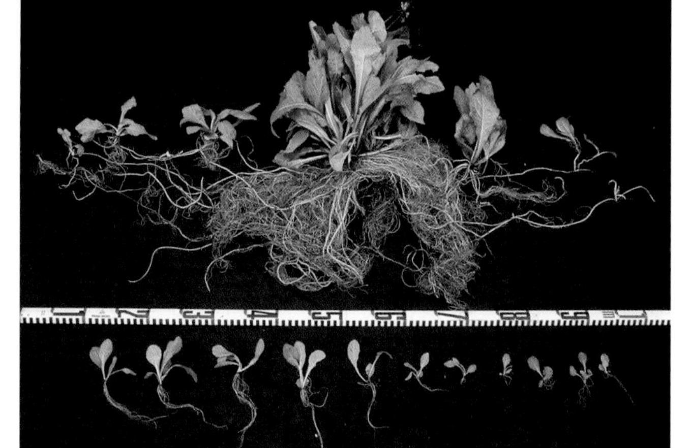

秋期には大小様々なロゼットで存在する。構成は前年度からある親株、クリーピングルートから発生した子株および実生

原植物ともいわれている。

生長様式と地下部構造　地下の浅いところに細い根を横走させ、そのところどころに根生不定芽を形成して地上シュート（ロゼットになる）を発生させる。前年に形成されたロゼットからは、春にロゼット葉を残したままシュートを直立させて開花・結実する。開花期は4～5月で、結実後シュートは枯れるが、その後、枯死シュートの株元に新しいロゼット葉が形成される。また、ロゼット葉はクリーピングルートからの萌芽によっても形成され、それらが越年する。

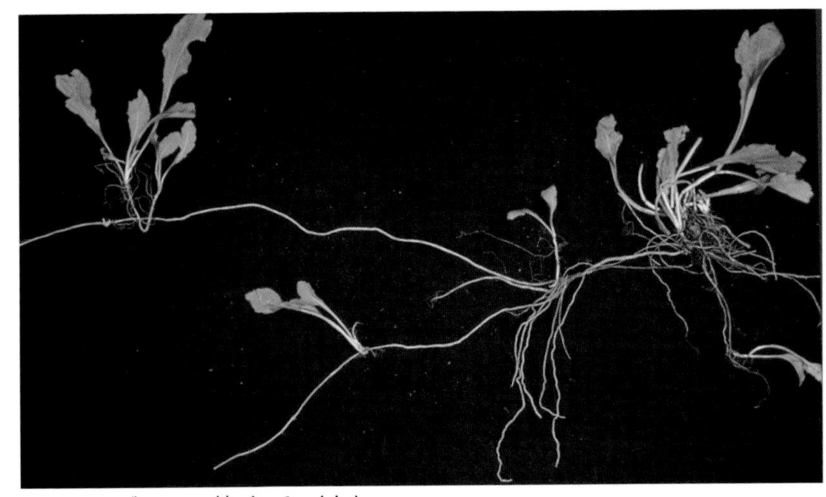

クリーピングルートで拡がっていくさま

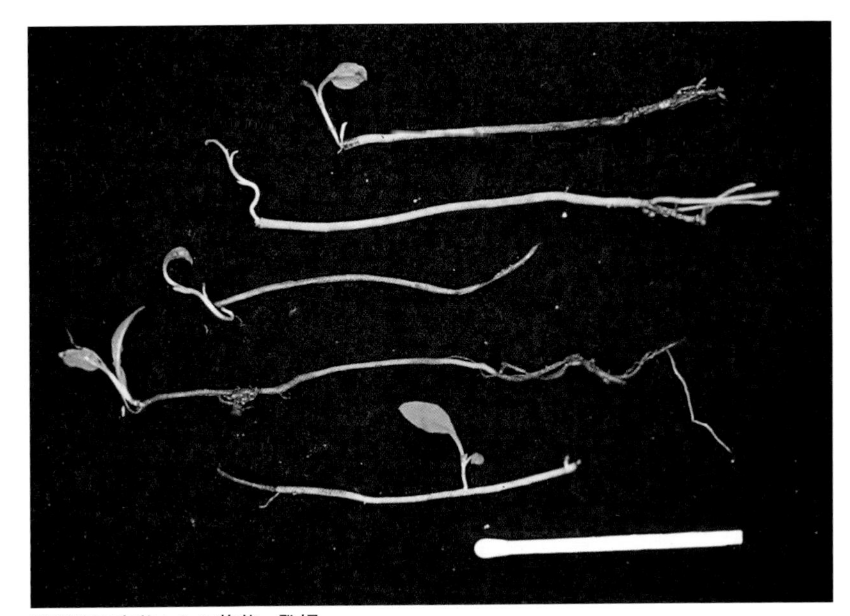

根断片不定芽からの萌芽・発根

ハルジオンのクリーピングルートはやや軟弱で、同系の他種のような垂直に下降する根もない。また、つながった系として観察される時期が限られていることから、自然に分断されやすいと推察される。

繁殖・拡散様式　種子と根断片の両方が繁殖体となり、旺盛な繁殖をする。冠毛のある風散布種子により遠距離へも伝播する。種子の発芽力は高く、種子由来のロゼットが密な集団を作っているのも、しばしばみられる。

制御法　本種は刈取りや耕起によって防除できない雑草である。除草剤によって容易に防除できるが、日本で除草剤抵抗性が発現した最初の雑草でもある。制御対象となる場面としては、都市公園などの芝地やゴルフ場のラフ、表土保全雑草の消失したのり面が挙げられる。

芝地での防除は、MCPP、トリクロピル、アシュラムなどが有効である。通常のり面などでは、非選択性除草剤の連用によってイネ科草本が消失し本種が優占することも多いが、本種は表土保全機能が乏しいので注意を要する。

セイヨウトゲアザミ

キク科

Cirsium arvense L.

再生：クリーピングルート系
繁殖：種子、根断片
分布：北海道〜東北
雑草化：牧草地、畑地
地上部生育期間：5〜10月
開花・結実期：6〜9月

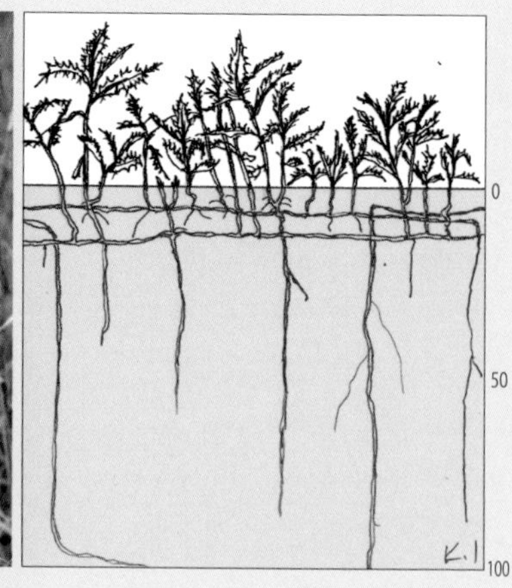

ユーラシア原産で、北日本に分布する帰化植物である。1970年代後半に道東・道南の牧草地に多発していることが報告され、次第に分布を拡大している。ヨーロッパ、北米、アフリカ、オセアニアなどの冷温帯を中心に（北半球での分布域は北緯37〜68°）、世界的な重要雑草であり、海外では生態や防除について多くの研究がなされている。

アメリカオニアザミ（*Cirsium vulgare*）と混同されることもあるが、アメリカオニアザミには葉の上面に硬い短毛、裏面に多くの綿毛があるが、セイヨウトゲアザミには毛はない。セイヨウトゲアザミはその形態だけでなく、種子の大きさや休眠性などの生態的特性についても変異の大きい種であることが知られている。

雑草害　畑地、牧草地、道路脇、鉄道敷、芝地、庭園、空地など、あらゆるところに生育するが、世界各地で穀類をはじめマメ類、バレイショなど多くの温帯作物の害草となっている。また、葉の鋸歯の先端がトゲになっているので、牧草地で発生すると家畜に害の大きい雑草である。

牧草地内に定着したセイヨウトゲアザミと地下部の様相（札幌市）

生長様式と地下部構造　基本形はクリーピングルート系で、地下3〜20cmの深さに横走する根と、これからほぼ垂直に2〜3mまで深く下降する根で構成されている。1本の横走根が最大3.3m伸びたという報告もある。根はクリーピングルート系の他種の根と比較して全体に凹凸が少なく、表皮は薄い感じで傷つくとすぐに黒変する。

根断片から3か月生育した個体

根断片不定芽からの萌芽・発根

春の出芽は5℃で始まり、8℃で最盛期になるといわれている。出芽後まずロゼットが形成され、3週間後頃から茎の伸長を開始し草高40〜120cmになる。開花期は6月中旬〜9月に入るまでの間で、地域によってかなり異なっているが、北海道では8月頃である。頭状花序をつけ、雌雄異株である。地上部は晩秋の降霜によって枯れる。

繁殖・拡散様式　繁殖体は種子と根断片である。種子（そう果）は長さ4mmほどで冠毛をもち、風で拡散する。一般に休眠性はあまり認められず、取り播きでよく発芽する。光要求性で、恒温では比較的高温の30℃で最も発芽がよい。実生は1年目には種子を形成しないが、2年目以降は多数の種子を着ける。

根断片は高い萌芽能力を有し、発生6週間後から2年までの根であれば容易に新シュートを形成できる。1.25cmの断片でも100％シュートを発生した。萌芽の適温は15〜25℃である。

制御法　本種は耕起によって制御できるが、刈取りだけでは防除が困難な雑草である。家畜の不食草となるので繁茂すると荒廃化が進む牧草地や、耕地への拡散源となる鉄道敷や道路敷では制御する必要がある。牧草地はアシュラムによる選択的防除、非耕地ではトリクロピルの適用が有効だが、いずれもロゼット期に行う。

ワルナスビ

ナス科

Solanum carolonense L.

再生：クリーピングルート系
繁殖：種子、根断片
分布：北海道～沖縄
雑草化：牧草地、畑地、空地、植栽
地上部生育期間：5～10月
開花・結実期：6～9月

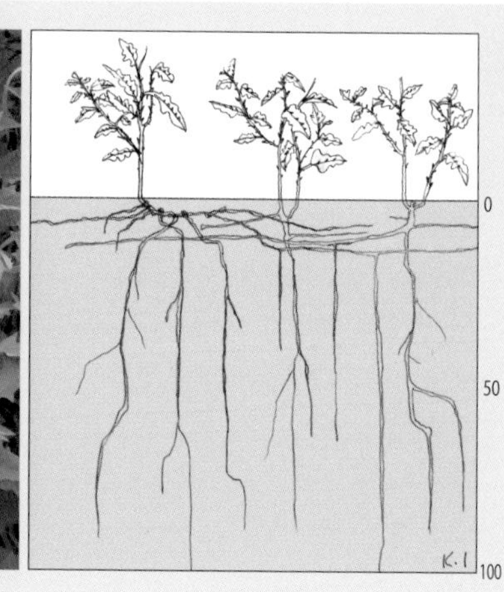

ナスビにそっくりな花を着けるが「ワルナスビ」。茎、葉柄、葉脈に鋭いトゲをもつことから、牧野富太郎博士から分かりやすい和名を頂いたこの草は、アメリカ合衆国南部原産とされる外来雑草である。冷温帯から亜熱帯にわたって広い温度域に分布し、日本では現在北海道から沖縄本島までその発生がみられている。

1970年代には牧草地の外来雑草として意識され始め、1980年代から急速に蔓延し、当初の生育地であった牧草地・飼料畑だけでなく非農耕地へも拡がった。都市・市街地における生育地は、道路分離帯や庭園の低木植込みの中、緑化木の株元、芝地などの植栽地、路肩、河川堤防のり面、放任雑草地などあらゆる場所に及んでおり、大小のパッチとして存在していることが多いが、広面積に群生することもある。ときにはコンクリートの目地にまで見出される。

雑草害　ワルナスビについては様々な害作用が知られている。放牧草地ではトゲによって家畜が寄りつかず、したがって牧草との競争上有利に

河川堤防に約1kmにわたり大小の集団が発生している。ツツジ移植の際に繁殖体が根鉢土壌に混入して持ち込まれたようである（京都市）

道路分離帯のツツジを駆逐するワルナスビ（福井市）

橋げたの目地雑草になっているワルナスビ（京都市）

なって速やかに優占化してしまう。もちろんトゲ自体、家畜にとっても人間にとっても怪我のもとになる。児童の通学路にあってその防除が切実な問題になったという話も聞く。

ワルナスビは、ツツジなどの植栽の中に生えると、その生育を大きく阻害し枯死させることもある。これは苗木園が、施用された堆肥や牛糞を通じて本草に汚染されていて、移植の根鉢の中に種子や根片が混入して持ち込まれたためである。

また、ソラニンというアルカロイドを含有し、これは秋期に果実に多い。乾燥飼料に混じった果実は家畜に食べられることもあり、牛では黄疸など肝臓障害を引き起こす。ワルナスビはさらに作物の病気や害虫の中間宿主にもなっている。とくに同じナス科のジャガイモの害虫（甲虫類）や、トマトモザイクウイルス、トマト白星病（葉斑病）菌などの宿主として知られている。

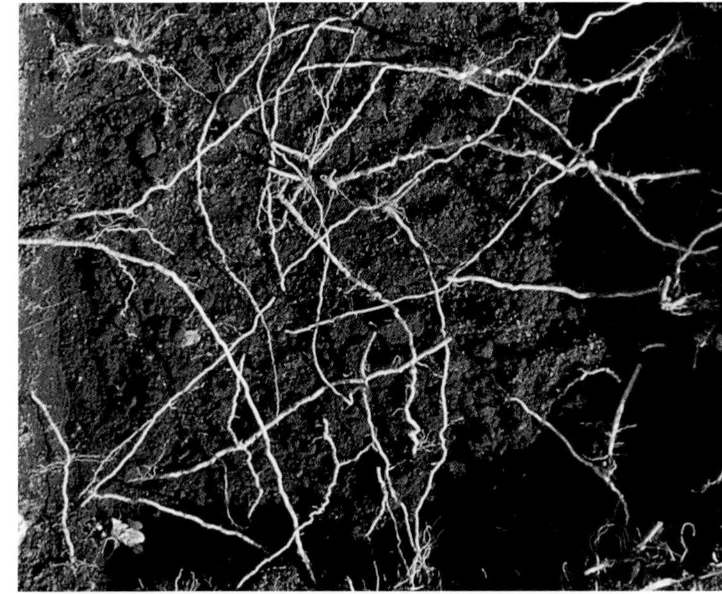

野外でのクリーピングルートの水平分布と垂直分布の様相

生長様式と地下部構造　よく発達したクリーピングルート系が基本形である。地上シュートは横走根の不定芽から5月初め（近畿地方）より次々と発生し、草高50～120cmほどに達して9月末～10月に枯れる。開花は6～9月にかけてだらだら続く。粗い房状花序の上部には短花柱花、下部には長花柱花をつけ、短花柱花は受粉しても結実しない。果実は翌春まで長く枯枝に着いたままで、その鮮やかな黄橙色は遠くからでも目立ち、ワルナスビ集団の目印ともいえる。

地下部は占有面積・容積、重量ともに地上部よりはるかに勝っており、地下での様相を知らずにはワルナスビを語れない。クリーピングルート系は横走根とこれからほぼ垂直に下降する垂直根で構成されている。横走根は比較的浅いところ（通常は10cmくらいまでだが、土壌条件によりもっと深い場合もある）を水平または斜め下に拡がり、定着して毎年発生がみられるところでは横走根のネットが発達している。横走根の先端は下降して終わる。下降根はところどころで分枝根を出しながら1m以上の深さまで土中に侵入する。3mまで侵入していたという報告もある。

ワルナスビは定着してしまうと低温にも乾燥にも強いが、これは環境変化の少ない地下深くに多量分布している根が生き残って、そこからの萌芽によって容易に地上部を再生できるためと考えられている。

繁殖・拡散様式　種子と根断片の両方で繁殖し、遠距離の伝播には種子が、一筆の畑内で蔓延する場合のような近距離での分布の拡大には根が重要な役割を果たしている。秋に成熟した種子は休眠性をもつが、室温でもある程度解除される。発芽温度は20～40℃間で最適温度は30～35℃である。野外での実生の発生は春から夏にわたって可能だが、遅く発生し他の植物との厳しい競合下で生長の劣った実生は越冬することができない。

根の断片は、根系の中の位置(深さや伸長方向)にかかわらず、冬期を含めいずれの季節に採取したものでも高い萌芽力をもっており、温度・水分の条件が整えば、ごく短い断片からでも個体を形成できる。萌芽適温は秋(9月）採取した根では25～40℃であったのに対して、冬(1月）採取では15～30℃であった。

牧草地から飼料作物畑や樹木苗畑への拡散は、種子の混入した堆肥を通じて起こる。ワルナスビ種子は60℃では24時間以内に死滅するが、積み替えを手抜きした未熟堆肥が多く、かなりの種子は生きた状態で畑に播かれる結果となる。また、牛の体内にとどまってもほとんど死滅しないことが、糞から回収された種子の発芽試験から明らかになっている。都市・市街地への拡散の一次経路としては、根鉢に繁殖体を含んだ樹木苗の植栽が考えられる。

制御法　本種は場面に関わらず、一旦定着してしまうと耕起では断片化した根が繁殖体になって確実に増加し、高頻度の刈取り、除草剤の茎葉処理によっても防除は困難である。したがって、侵入の初期にみつけて対処するか侵入経路に気を配ることが非常に重要である。

知見は多くないが、クリーピングルートの枯殺は、DBN、IPC、トリフルラリンの冬期土壌混和処理が有効である。DBNおよびトリクロピルは春期土壌茎葉処理でも効果はある。また、茎葉処理ではトリクロピルなどのホルモン系が有効だろう。

茎、葉柄、葉身主脈にある鋭いトゲ

冬期、枯れ枝に着いたままで目立つ果実

クズ
マメ科

Pueraria montana var. *lobata* (Willd.)

再生：ほふく茎系
繁殖：ほふく茎断片、種子
分布：北海道～九州
雑草化：鉄道、道路、河川敷、果樹園、林地、田畑周辺、植栽、フェンス
地上部生育期間：4～11月
開花・結実期：7～9月

どこにでもよじ登り、様々なインフラの機能を妨害する

クズ属（*Pueraria*）植物は世界に20種ほどあり、主に熱帯から温帯アジアに分布する。日本には北海道から九州の各地に拡がるクズと、沖縄地方に分布するタイワンクズ（*P. montana*）がある。万葉集の中には「葛」を歌ったものが24首もあるそうで、7～8世紀にはすでに人里に拡がっていた。「葛」は秋の七草にも挙げられ季節の風物として親しまれてきたほか、有用植物として古来様々な形で生活に利用されてきた。

一方、同じ種でありながら現在の「クズ」は、他の草本種に例を見ない旺盛な空間占有力と、痩せ地・砂質・粘土質土壌を問わず生育できる広い土壌適応性から、耕地以外のあらゆる場に生育し夏から秋の日本列島を席巻している。都市・市街地でのクズの蔓延は、植物としての特性と、20世紀後半の列島改造計画などによる大規模な土地造成における土壌の移動や多くの開放地の出現が相まった結果であろう。クズはIUCN（国際自然保護連合）が作成した「世界で最悪の侵略的外来種100種」の陸上植物32種にも含まれている。米国では20世紀半ばに国策として土壌改良用に普及が推進されたクズ（kudzu：カズ）が逸出し、雑草としての猛威に悩まされている。

利用と雑草害　「葛」は、塊根から採る葛粉は貯蔵食として、つるの繊維から織る葛布は衣類などに、葛根は貴重な薬として、古来人々の生活のなかで活用され、茎葉も家畜の飼料や肥料として欠かせないものであった。現在でも、地域限定として、厳寒期に深い塊根を掘り取り手間をかけて

クズが樹林を完全に覆った、いわゆる‘くずマント’（鳥取県）
上：9月下旬、下：翌4月中旬

フェンスを覆い歩道を乗り越え車道にまで侵入したクズ
（佐治健介）

精製した本当の葛粉（市販のものは他のデンプンであることが多い）は最高級品で、葛餅や葛そうめん、葛切りなどの材料となっており、葛布は独特の風合いのある織物として生産され、また、薬としての葛根湯も有名である。

一方、クズによる被害は、今日枚挙にいとまがない。平面を覆いつくすとともに、どこにでもよじ登ることから、道路・鉄道での通行妨害、視界の妨害はもとより、送・発電施設でも電柱や電線に巻きつき災害の原因になっている。造林地においては育林初期の雑草害が深刻だが、とくに関東以西の植栽木の生育に大きな被害を与えている。果樹園での発生は局地的だが害の深刻さは同様である。大きな葉群による被陰やつるによる枝や幹の締め付けは、樹木を枯死に至らす力をもち、つるのからみついた枝が風によって折れることもある。獣害、虫害も媒介している。クズの塊根はイノシシにとって、とくに餌の少ない冬期の重要な食糧源となっており、幼虫が茎内で過ごすコウモリガは周辺の樹木の害虫である。

さらに、山野も含め日本全土を覆うクズの生態系への影響は、上記の直接的被害に匹敵するほど深刻な問題である。生態系は植物で始まる食物連鎖で成り立っているともいえるが、クズマントと称されるほどのその被陰力は、下層植生を成立させず植物多様性を著しく低下させ、その結果、昆虫や鳥類、微生物相に至るまで、その多様性を喪失させていることは明らかである。また、マメ科としての窒素固定力から土壌を富栄養化することで、生育地だけでなくその下流域までの生態系に影響する。

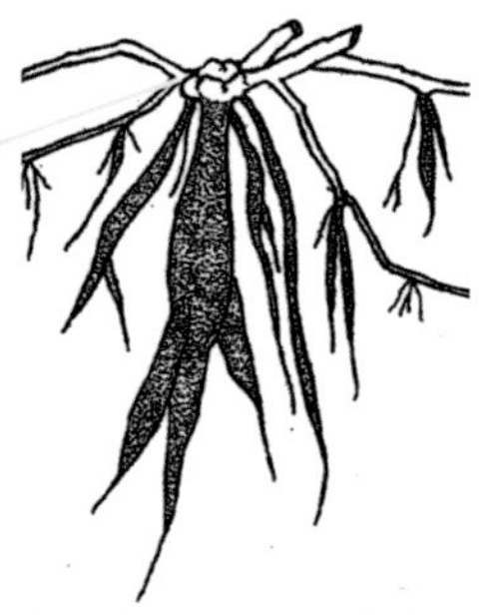

古い発根節は株状（crown）になり、基部から多くのほふく茎を発生する。また、地下部節根は塊根に生長する

クズは盛土のり面に多いので土面保護植物として推奨する向きもあるが、現場での評価は低く、むしろ土壌流亡防止に優れたイネ科植物の定着の妨げになる。茎葉は飼料として家畜の嗜好性・栄養価・消化率が優れるとの評価もあるが、材料の調達・流通などのシステム化を考えると現実味がない。

生長様式と地下部構造　クズの植物体は3出複葉を着ける当年生茎、多年生茎、節から発生する節根、これが伸長・肥大した主根（塊根）で構成される。当年生茎は個体の占有面積・容積の拡大に働き、多年生茎と節根、塊根はいわばそのための養水分供給器官である。個体の大きさは同じ年齢でも様々だが、3年生茎をもつ個体のうちの大きなものを測ったところでは、多年生茎が320m、当年生茎が1,471mあった。クズ群落の現存量（地上部）についても測定値は様々だが、6～8年生クズで544～583g/㎡程度で、巨大な塊根をもつため地下部は地上部の3～5倍にもなるらしい。

季節的にみると、春の生長開始は他の多年草よりやや遅く、1、2年生茎のところどころの腋芽から当年生茎が発生する。地表を這い進む太い茎と立ち上がってものに巻きつく茎があり、前者の腋芽からも後者が発生する。伸長の最盛期は7月と9月で、8月には生育が一旦停止する。11月頃から落葉が始まり、平行して茎の木質化が見られる。開花は7月下旬～9月上旬である。根は主に1、2年生茎から、また生育中の当年生茎の節からもいくらか発生し、6～7月と9月頃がその最盛期である。節根の一部は肥大・伸長し主根となって地中深くまで達し、デンプンを蓄積した塊根になる。

なお、クズの地上茎および根には維管束環がみられ、両者ともに7環まで観察されている。維管束環数は肥大生長と密接に関係しているが、1シーズンで2環以上形成されることもあるので年輪とみなすことはできない。

繁殖・拡散様式　クズは花序の形成が少ないうえ、花のうち鞘になる率は低く、また種子は形成しても‘しいな’が多い。したがって、クズの種子繁殖力は低く、クズの繁殖と拡散を担うのは、断片化したほふく茎である。

節に根をつけているほふく茎（発根茎）の節間は、通常、第3維管束環が形成される頃までには枯死あるいは切断され、この分離はかなり頻繁に繰り返される。原因は、自然的には昆虫（コウモリガなど）の幼虫による食害、クズのいぼ病などの病害、茎の生理的な老化があるが、刈払い時の切断も多い。切断茎からの新株の生長量の総和は無切断株より著しく大きくなることが明らかで、つまり、クズは栄養繁殖により現存量、占有空間を拡大していくのである。

クズの拡散は、近隣へは、つるの伸長による自力の移動があるが、遠隔地へは茎断片が客土などに混入して侵入すると考えられる。実際、クズの繁殖には長年挿し木法が行われてきた。節からの萌芽・発根力が高いのは多年生茎だが、当年生茎でも十分な土壌水分があれば新個体を形成する。一方、稔実種子は、鳥、風などによる散布はないものの河川の流れで運ばれる可能性はあるが、新天地へ到達したとしても、実生の初期生育は軟弱で、雑草との競争に弱く定着力は低い。

制御法　方法としては刈払い、つる切り、防草シートの利用、除草剤の利用がある。このうち現在大半の場面（鉄道・道路・大型畦畔、河川などののり面、放任空地）で行われている刈払いは、つるの一時的除去にはなっても植物体の大部分（地表を縦横無尽に這う越年生茎および根群：塊根）には全く影響しないうえ、むしろ越年生茎の断片化が起こってそれらが繁殖体になって量を増やす。また、刈払いはつるに足を取られるので危険な作業でもあり、クズの制御には適さない。したがって、対処法としては化学的手法以外にない。

化学薬剤の適用法には個別個体に直接処理するタイプ、土壌処理によるタイプ、生育期の茎葉処理のタイプがある。効果的な薬剤の選択と処理の方法は、本種の根絶が必要な場面によって異なる。

群生する場合は以下のようにする。登攀支持体がフェンスなどの人工設置物である場合は、境界壁となる部分に根系が発達しているので、テブチウロン、イマザピルまたはトリクロピルの冬期土壌潅注によって枯殺する。1〜2年の連続処理ではぼ根絶できる。盛土や切土、堤とうなどの傾斜地のり面の選択的防除は、トリクロピル、アシュラム、ビスピリバックナトリウム、フルセトスルフロンの生育期処理が有効だが、根絶には2シーズン以上の反復処理が必要である。施業放置人工林、保安林、果樹園の防風林、ゴルフ場の残置林などの大型登攀クズの枯殺は、冬期に茎部を切断しトリクロピルを株頭に滴下するか切り株に処理する。木化したつるの場合は切断部に注入する。管理境界外からのクズの侵入害については、侵入源の土地占有者または所有者に防除を求める行動が必要である。

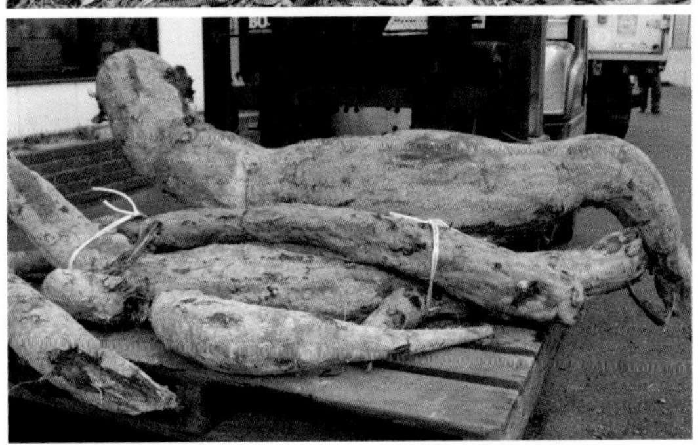

林内に長年生えているクズはつるが太く木化し、地下には大きな塊根を作る
下：葛粉の原料となる巨大な塊根（㈱井上天極堂）

一旦定着してしまうと被害も制御も大変やっかいなので、とくに早期発見、早期防除が重要である。侵入初期で根がまだ弱い段階なら、人力での引き抜き、引きはがしでも対応できる。なお、根は塊根になるので目立つが、根の組織自体には繁殖能力はない。

シロツメクサ

マメ科

Trifolium repens L.

再生：ほふく茎系
繁殖：種子
分布：北海道〜沖縄
雑草化：芝地
地上部生育期間：3〜11月
開花・結実期：4〜7月

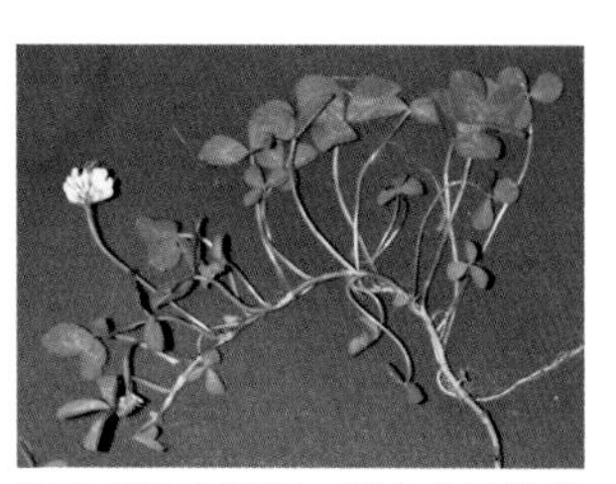

ほふく茎の様相。節からは通常1〜2の葉が発生している

シロツメクサは帰化雑草ではあるが、多くの日本人にとって、公園で花輪を作ったり四つ葉を探したりと子供の頃の懐かしい思い出の草でもある。

本草はヨーロッパ原産、世界で最も分布しているマメ科植物である。日本への最初の侵入は19世紀にオランダからの贈答ガラス器の詰め物に使われていた乾草の種子を発芽させたことといわれている。シロツメクサの名称も、そこからついたそうである。明治時代になって飼料用として輸入し栽培したことで拡がり、現在では北海道から沖縄まで日本全土に分布している。

利用と雑草害　クローバ類は窒素固定力もあり、家畜にとって栄養価が高く飼料性がよいことから、シロツメクサも本来は飼料作物として存在する種である。牧草地では通常イネ科牧草との混播で用いられる。果樹の草生栽培にもよく利用されていたが、それは主に肥料が安くない時代に本草の窒素固定力に期待しての話であった。この流れからか、一部で、雑草制御のための地被植物として推奨されているようだが、本草は高温・乾燥に弱いため夏期に雑草に負けてしまうことや、維持に頻繁な刈取りが必要なことから、よい方法とは言えない。

どこにでも生える草だが、とくに芝地に多く、公園芝生ではスズメノカタビラ、オオバコとともに三大随伴雑草ともいえる。芝地のシロツメクサは草高が低く見かけの可憐さから雑草としては許容されがちだが、イネ科に対する共存力・競争力は強く、徐々に芝生が侵食されていくので注意を要する。

生長・繁殖様式　種子で侵入し、ほふく茎を伸長させて定着し個体サイズを拡げる。ほふく茎は1、2節ごとに葉芽を上向きに形成しながら伸長していく。葉芽は長い葉柄と3出複葉からなる特徴ある葉に生長する。ほふく茎のところどころの節から直根や分枝を形成し、さらにすでに葉が形成されている節からも新たな葉を発生させ、ほぼ円形の密なパッチ状に拡がる。

開花期は5〜6月を中心に比較的長期にわたるが、温暖地・暖地では夏期には葉が枯れて休眠状態になることも多い。種子は軽く発芽力旺盛で、水の流れ込みやすい土壌では大量の実生の発生がみられることもある。

制御法　本種は刈取りでは防除できず、都市公園や庭園芝生、ゴルフ場をはじめスポーツ芝生などのように刈込管理が行われるところでは、年々発生域が拡大する。

選択的防除は、本種の生育期にMCPPまたはトリクロピルを散布するのが効果的である。

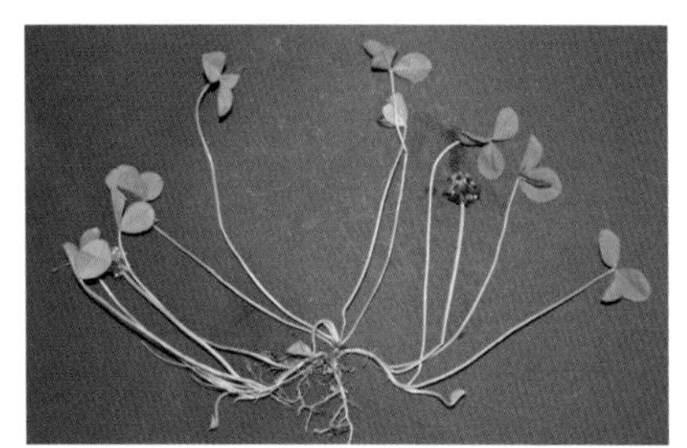

種子からの生長。直根を伸ばし先端が葉となるほふく茎を1、2節ごとに伸長させていく

ヘクソカズラ

アカネ科

Paederia foetida L.

再生：ほふく茎系
繁殖：種子
分布：北海道〜沖縄
雑草化：茶園、果樹園、植栽、フェンス
地上部生育期間：4〜11月
開花・結実期：7〜9月

つるがフェンスを覆ったり、植栽の下から出てきたりと、生活の場のあちこちに出没する（神戸市）

白い花冠で中心が鮮やかな赤色の可憐な漏斗（ろうと）形の花を着けるこのつる性植物は、葉をもんだとき放たれる独特の悪臭から気の毒な名前を頂いている。

ヘクソカズラは東アジアに自生し、北米大陸、ハワイなどに帰化している。日本では在来種として北海道から沖縄にわたって分布し、日当たりのよい場所に生育している。

利用と雑草害　かつては薬草として、しもやけ、ひび・あかぎれ、虫刺されの治療、止血などに利用されていたらしい。

現在は、つるの旺盛な生育により有用木本植物に多大な被害を及ぼしている。とくに茶園では、被陰だけでなく、その悪臭による茶品質の悪化から大害草になっている。また、植栽樹木を劣化させ、フェンスに覆いかぶさるなどの問題も大きい。

生長様式　4月頃、越冬したほふく茎の節から萌芽し、ほふく茎あるいはつるを伸長させる生長を開始し、とくに生長の旺盛だった前年茎の木化した基部（株状）からは多くのほふく茎が発生する。これらの新シュートのほとんどは冬期に枯れるが、生長の進んでいた部分は木化して越冬する。開花期は7〜9月で、房状花序をつける。

つる性なのでフェンスや樹木によじ登るが、平面を這っても拡がる。この両者の特性は、どちらにもなりうるというものではないという報告もある。すなわち、地面を這っているものは人為的に上向きに伸ばそうとしても反応せず、その逆も不可能だったという研究もあり、光合成をして養分を蓄積する機能と地表の占有面積を拡大する機能の分業が成り立っているのかもしれない。こうして、ヘクソカズラは侵入したテリトリーを守り、毎年同じ場所から再生してくるのであろう。

繁殖・拡散様式　果実は形成されるが種子発芽に関することはよく知られていない。また、ほふく茎の断片が栄養繁殖体となりうるのかも明らかになっていない。

制御法　本種は支持体があれば登攀して巻きつき、当年枝に腋芽をつけ木化する。一度、植栽低木やフェンス下に定着を許すと除去はきわめて困難となり、地際にある根茎部を探し出し切断か掘り取りを続けるしかない。

侵入初期の個体や地表面ほふく状態の個体は、グリホサートやトリクロピルで容易に枯殺できる。

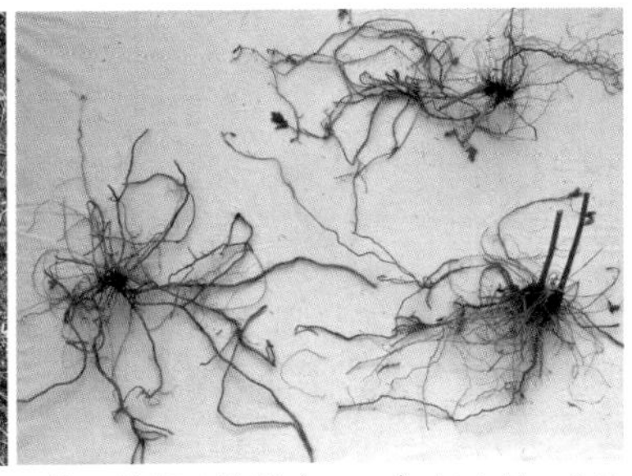

ほふく茎は地表も縦横に拡がる。古い茎の基部は株状（crown）になり、そこから多くのほふく茎が伸長する

エゾノギシギシ

タデ科

Rumex obtusifolius L.

再生：株基部
繁殖：種子、根断片、分株
分布：北海道〜九州
雑草化：牧草地、果樹園、田畑周辺、芝地、空地
地上部生育期間：通年
開花・結実期：6〜8月

短縮根茎の集まりで構成される株基部地下部分の様相。矢印のあたりで株分離しかかっている

ヨーロッパ原産で、日本には明治の末に北海道で見出され全国に拡がった帰化雑草である。日本で雑草化している主なギシギシ類（*Rumex*属）には、他にナガバギシギシ、アレチギシギシ（どちらも帰化種）、ギシギシ（在来種）があり、生育型はいずれも大型のロゼットである。エゾノギシギシは葉幅が広く中央脈が赤色を帯びているのが特徴だが、ギシギシとの間に葉の形状が様々な中間的な個体がみられるので、両種が交雑していることをうかがわせる。

冷涼な気候を好むが、九州にまで広く分布し、生育地も牧草地をはじめ広範囲に及ぶ。牧草地では、大きなロゼット葉で牧草の生育を阻害するとともに、葉にシュウ酸を多く含むため、家畜が食すると有害である。好窒素植物なので、牧草地や下流域の河川敷など富栄養化した場所では巨大化する。

地下部構造　株基部地下に上向きの短縮根茎がある。成株では束ねたような塊状になっており、それぞれの根茎は、地上部へは数本のシュート、下には1〜2本の太い直根を出している。

再生様式　刈取り後の再生は短縮根茎の腋芽からのロゼット葉発生による。

ナガバギシギシ

アレチギシギシ

地上部切除後の再生の様相。短縮根茎の基部は塊状である

根の部位による萌芽力の違い
1：短縮根茎部、2：根0 ～ 2cm、
3：根2 ～ 4cm、4：根4cm以深

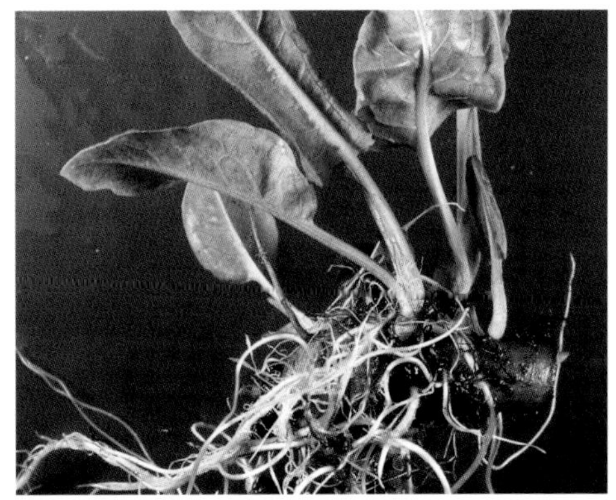
直根の断片から形成された個体。旺盛な萌芽と発根がみられる

繁殖・拡散様式　種子繁殖と栄養繁殖の両方を行う。種子は大量に生産され寿命も長く（20年という例もある）、種子繁殖は旺盛である。ギシギシ類は果実に3片の翼があり、水で遠隔地に運ばれやすい。定着した場所では、栄養繁殖によって着実に個体数と分布域を増やしていく。

直根の上部4cmまでには不定芽形成力があり、直根断片は繁殖体となる。したがって、温度や土壌湿度が好適な時期に耕起すれば、広範囲にしっかりした個体(実生と比べて貯蔵養分が多いため)を発生させることになる。また、短縮根茎間のつながりは徐々に崩壊し、分株が起こって横に拡がっていく。

雑草害と制御法　本種は様々な場面で制御が必要な雑草になっているが、刈取りでは制御できない。採草地ではC_3型イネ科牧草の生育周期に同調し、採草量を著しく減ずる。また、放牧地では放牧牛の不食草でもあるので草地の荒廃化を促進する。牧草草生栽培園では刈取りや耕起よって拡がり強害草となる。急速緑化のり面での繁茂も見られ、刈取りや除草剤に耐性があるので優占化する。

混播牧草地（イネ科とマメ科の牧草）での選択的防除が確立されており、本種の春期展葉期または秋期展葉期にアシュラムを散布することで制御できる。本剤はイネ科植生中に散在する多年生タデ科雑草に特異的に有効（低薬量で有効）であることから、芝地、イネ科植生のり面、植栽地などの防除に適している。なお、本種は夏期休眠型の雑草なので、夏期の茎葉処理剤などの使用は除草効果がないだけでなく、秋期の再生を促す。

英国においては、かつて草地汚染雑草として本種の放置に罰金が科せられていたが、アシュラムにより本件は解決した歴史がある。

スイバ

タデ科

Rumex acetosa L.

再生：株基部
繁殖：種子、分株
分布：北海道〜沖縄
雑草化：牧草地、田畑周辺、空地
地上部生育期間：通年
開花・結実期：5〜9月

ロゼット。矢じり状の葉形がギシギシ類と異なる

北半球の温帯域に広く分布し、日本でも農村から都市域まで全国的に普通にみられる。シュウ酸を含み家畜には有害だが、民間薬'酸模(さんも)'として皮膚病などの治療にも用いられていた。大型のロゼットで雌雄異株である。

地下部構造　株基部地下の大きな塊状組織から、短い短縮根茎を様々な方向に出している。直根は太くないものが多数出ており、ギシギシ類とは様相が異なる。

再生様式　刈取り後は、短縮根茎の複数の節の腋芽から葉を再生する。

繁殖・拡散様式　主に種子で繁殖する。果実にはギシギシ類と同様に翼があり、水で運ばれやすい。根には不定芽形成力はなく、栄養繁殖としては株分かれだけである。中〜大株では、外観は1株に見えているが、地下の短縮茎間は崩壊している箇所がいくつかあり、実際は数株(個体)の集まりで、それらが生長することで徐々に横に拡がっていく。

雑草害と制御法　雑草害および制御方法についてはエゾノギシギシに準じる。

大きな塊状の株基部。多くの短縮根茎と直根が出ている。一つの株に見えるが、連結部分の組織が何か所も崩壊して、つながっていない

地上部切除後の短縮根茎腋芽からの新葉発生の様相

ヘラオオバコ

オオバコ科

Plantago lanceolata L.

再生：株基部
繁殖：種子、分株
分布：北海道〜沖縄
雑草化：芝地、牧草地、空地
地上部生育期間：通年
開花・結実期：4〜8月

空地に群生しているヘラオオバコ

ヨーロッパ原産だが世界中に帰化し、日本には19世紀後半に侵入したとされる帰化雑草で、近年増加し市街地に普通にみられる。生育型はロゼットだが、オオバコに比べて大型で葉は立ち気味で踏圧には強くない。単立しても生えているが、群生することもある。

害としては芝生との競合、花粉症の抗原植物であること、リンゴなどバラ科樹木のアブラムシやテンサイのウイルス病の媒介者であることが知られている。

地下部構造　株基部地下には、塊状ではなく2次、3次と分枝したやや立ち気味の短縮根茎があり、その下には太くない直根が多数発生し、そこから細根がよく発達している。

再生様式　最も地際に近い位置にある短縮根茎の頂端部分からロゼット葉を発生する。

繁殖・拡散様式　繁殖と拡散は主に種子によるが、種子の寿命は比較的短い。埋土されれば数年生存し、耕起などによって光にさらされると休眠が破れて発芽できる。栄養繁殖としては短縮茎の間の崩壊による株分かれであり、根は不定芽形成力をもたず繁殖体にはならない。拡散は市販の牧草・芝種子への混入、摂食した家畜や鳥の糞を介しての移動による。

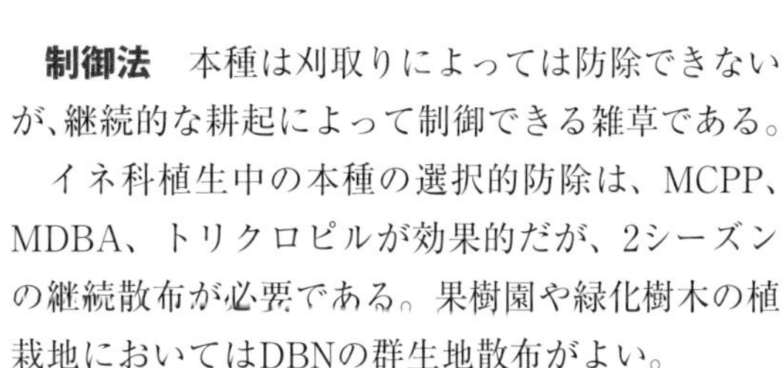

制御法　本種は刈取りによっては防除できないが、継続的な耕起によって制御できる雑草である。

イネ科植生中の本種の選択的防除は、MCPP、MDBA、トリクロピルが効果的だが、2シーズンの継続散布が必要である。果樹園や緑化樹木の植栽地においてはDBNの群生地散布がよい。

株基部地際の短縮根茎の集まりとそこから発生する葉および直根の様相

地上部切除後の再生。短縮根茎の中心部あたりから多くの新葉が発生する

オオバコ。ヘラオオバコに比べ踏みつけの多いところに生える

ブタナ

キク科

Hypochaeris radicata L.

再生：株基部
繁殖：種子、分株
分布：北海道～九州
雑草化：牧草地、芝地、畑地、空地
地上部生育期間：ほぼ通年
開花・結実期：5～10月

株基部の様相。大きな株ではロゼット葉がぎっしり重なり合って出ている

ヨーロッパ原産だが全世界に帰化し、日本では1930年代に見つかり、その後全国に拡がった帰化雑草である。単立でどこにでも生えるが、群生すること（主に芝を張ったのり面）も多い。ロゼット型で葉が土面にへばりついている状態なので、刈取りを逃れやすい。一見タンポポ類に似ているが、頭花の形態、花茎が分岐すること、ロゼットに剛毛が密生しざらつくことで識別できる。

地下部構造　株基部地下の塊状組織からやや短い短縮根茎が数個出ている。直根の発生は中以上（ロゼット径が20cm以上）の個体では5、6本以上あり太さはいろいろだが、そのうち1本はとくに太く枝分かれしているものもある。

再生様式　短縮根茎の上方の節にある複数の腋芽からロゼット葉を再生する。

繁殖・拡散様式　種子繁殖力は旺盛で、発生は5～7月がピークだが、厳冬期を除いて年中発生するので、一つの集団に様々な生育段階（サイズ）の個体がみられる。栄養繁殖としては、株分かれで株（個体）数を増やすとともに徐々に横に拡がる。直根は繁殖力をもたない。遠隔地への拡散は長い冠毛をもつ果実の風散布による。芝地への新たな侵入は主に市販洋芝種子への混入が原因である。

雑草害と制御法　問題になるのは、寒地型芝生（北海道）や暖地型芝生（日本海側）のゴルフ場に生えている場合であり、牧草地にも侵入しているが防除対象雑草ではない。近年、急速斜面緑化用植物への種子混入によって拡がり、非選択性茎葉処理剤の使用で優占し、のり面一面の花が目立つ光景もみられるが、大型種ではないので問題にはされない。

種子繁殖、栄養繁殖ともに旺盛なので、侵入早期に対処することが大事になる。芝生内の選択的防除は、イソキサベン・フロラシュラムの散布で種子発芽を抑制し、五年生程度の個体まで枯殺できる。寒地型・暖地型芝草ともに薬害がなく、秋冬期の使用で効果が高い。刈込みによる制御はできない。

一つの集団の同一時期でも様々なステージの個体が存在する

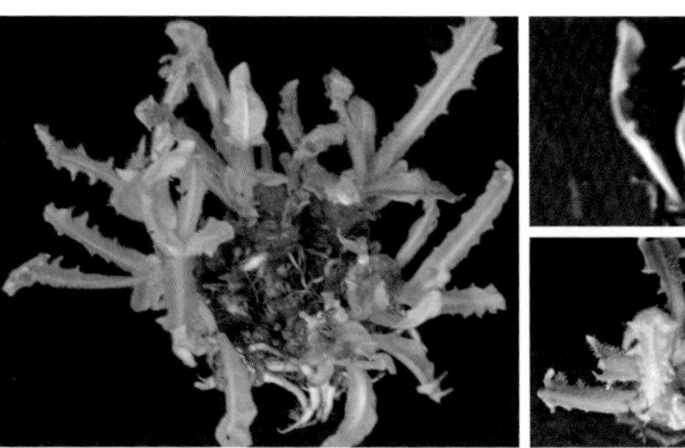

地上部切断後の短縮根茎からの葉の発生状況。根茎1本の小株も再生力をもっている

セイヨウタンポポ

キク科

Taraxacum officinale Weber ex F.H. Wigg.

再生：株基部
繁殖：種子、根断片、分株
分布：北海道〜沖縄
雑草化：芝地、果樹園、畑地
地上部生育期間：ほぼ通年
開花・結実期：4〜10月

地上部切除後の短縮根茎からの新葉の発生状況

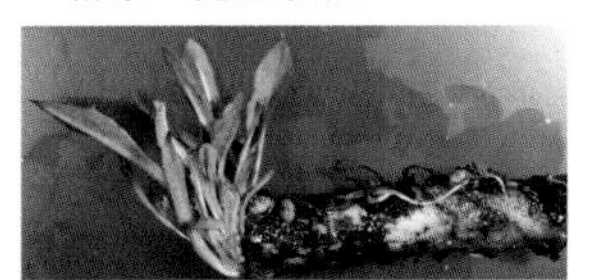

直根断片からの萌芽。切断面にまずカルスができ、そこから葉が分化する

ヨーロッパ原産で世界中に帰化しており、日本には1900年代初頭には侵入し、全土に拡がった。典型的なロゼット型で年中存在する。野菜として導入されたともいわれ、ヨーロッパでは今でも食用として種々の品種が存在する。

種子形成は主に無融合生殖（受精しない）によるが、日本タンポポ（在来種）との間に多様な雑種がかなりの頻度で存在することが判明しており、花の総苞片（そうほうへん）が反り返ることによるセイヨウタンポポ（外来種）かどうかの識別法は、もはや正確とはいえなくなっている。

地下部構造　株基部地際の地下部は短縮根茎が縦に集まった形態であり、それぞれの根茎に対応して直根が出て通常はこれらが1本にまとまって太い根になっている。古い株ではこの太い根が分かれて（らせん状に亀裂が入って分かれることも多い）、一つの短縮根茎と1本の直根で構成される子株が分離し新個体となる。

再生様式　短縮根茎の頂端からロゼット葉を再生する。

繁殖・拡散様式　繁殖は種子および根の断片による。ほぼ年中開花・結実し、果実は冠毛をもつので、種子による繁殖・拡散は旺盛である。また、根は先端までどの部分でも、断片化されると切口にカルスができて、そこから葉が分化して栄養繁殖する。したがって耕起によって分布拡大が促されやすい。

雑草害と制御法　雑草害としては、芝生の劣化や衰退、牧草地の荒廃化、樹木に寄生するアブラムシ類の越夏・越冬時の宿主などがある。本種の選択的防除は、芝生ではMCPPやトリクロピルの夏期散布、イソキサベン・フロラシュラムの秋冬期散布が有効である。牧草地での選択的防除は有効でなく、更新時にMDBAまたはグリホサートを処理するのが効果的である。本種がサクラなどバラ科樹種の周辺に群生する場合は、DBNをスポット的に散布しておくのがよい。機械的手法では制御できない。

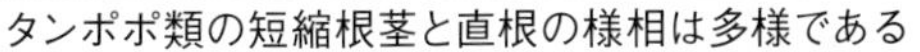

タンポポ類の短縮根茎と直根の様相は多様である
左：らせん状に亀裂が入っており、ほどくことができる　右：根のような短縮根茎部分

シマスズメノヒエ

イネ科

Paspalum dilatatum Poir.

再生：株基部
繁殖：種子、分株
分布：本州～沖縄
雑草化：果樹園、芝地、空地
地上部生育期間：4～11月
開花・結実期：6～9月

最近、関西以西で増加中のタチスズメノヒエ。草高1.5mにもなる大型種

南アメリカ原産で世界中の温帯～熱帯域に帰化している。日本でも暖地型牧草ダリスグラスとして栽培されていたものが逸出して、主に関東以西の温暖地・暖地を中心に分布している。

本来牧草であるため、刈取り・踏圧への耐性は非常に強く、大きな株になる。近年は、これより大型で南九州・沖縄でサトウキビ畑の強害草であるタチスズメノヒエ（*P. urvillei*）が北上し、市街地で増加している。

地下部構造　株基部地際で短縮茎を次々と斜め横方向に分枝し放射状に拡がって大株化するが、中央部の短縮根茎は枯死し、主なシュートは周辺にあってドーナツ状になっている。実際は株間のつながりが崩壊していて多数の株に分かれているが、まとまっているようにみえるのは、大量の縮れた根が絡み合っているからである。

再生様式　短縮根茎腋芽からシュートが再生するが、株の外側の根茎の方が勢いが強いため、刈り取るとシュートを外縁部に向かって出し、株を拡大していく傾向がある。

繁殖・拡散様式　主に種子で繁殖する。栄養繁殖といえるのは株分かれである。

雑草害と制御法　本種は刈取りによって防除できない雑草である。雑草害は、公園やゴルフ場などの芝生の刈取り管理が定期的に行われるところに生じる。

芝地に定着した本種の選択的防除は、冬期の休眠株にジートロアニリン系除草剤（ペンデイメタリン、トリフルラリン）を土壌潅注するのが有効である。翌春からは経常の刈取り管理によって株の縮小を図る。

最近ゴルフ場でも増えているシマスズメノヒエ（濃緑色部分、兵庫県）

細根がよく発達した大きな株を形成するが、実際はつなぎ部分が崩壊しているので株（個体）の集まりである。また、中心部分が空洞化しており他の雑草が生えていたりする

カゼクサ

イネ科

Eragrostis ferruginea Beauv.

再生：株基部
繁殖：種子、分株
分布：本州～九州
雑草化：芝地、田畑周辺、畑地
地上部生育期間：4～11月
開花・結実期：8～10月

株基部の様相。形は短縮根茎か塊茎のようにみえるが萌芽力のないものが多数観察される。たぶん貯蔵器官である

在来種。畦草（表土保全雑草）として古くから利用されてきた有用植物である。芝地、非農耕地のあちこちに生え、広い範囲に散在することも群生することもある。

属は異なるが、生育場所、株の形状、草高が類似するイネ科多年草にチカラシバ（*Pennisetum alopecuroides*）がある。

地下部構造　株基部地際に、やや上向きで分枝した短縮茎（塊茎状）のつながりがいくつもある。上方に位置するその一つからシュートが発生するが、それ以外のものは萌芽力をもたず、内部は白色デンプンを蓄積し貯蔵組織になっているようである。

シュートはよく分げつするので、その単位で相互に押し合い、株間が簡単に切れてしまう。大きな株に見えても洗浄すると十数シュート～2、3シュートの株にばらばらに分かれる。

再生様式　短縮根茎腋芽からシュートが発生するが、シマススズメノヒエほど密ではない。

繁殖・拡散様式　種子で繁殖する。栄養繁殖としては、株間の切断による新株（個体）の横への拡がりがある。

雑草害と制御法　刈取りによって管理できる雑草だが、粗放な刈取り下では本種の優占化が進み、芝生内では景観や利用性を損なう。葉が他のイネ科に比べて硬いので、刈り株が公園の芝生広場などにあると利用上の障害になる。

本種の選択的防除に関しては知見が少ないので確かなことは言えないが、芝生内のシマススズメノヒエの防除が参考になると思う。

カゼクサに完全に覆いつくされた公園芝生（東京都）

刈取り後のシマススズメノヒエ（左）とカゼクサ（右）の状態。カゼクサの茎葉が硬いことが分かる（東京都、公園）

メリケンカルカヤ

イネ科

Andropogon virginicus L.

再生：株基部
繁殖：種子、分株
分布：東北〜沖縄
雑草化：芝地、果樹園、空地、牧草地
地上部生育期間：4〜11月
開花・結実期：9〜10月

野外での種子発生個体(実生)の1シーズンの生長。茎葉は非常に小さく発生に気づくことはまずないが、根群はよく発達する

北アメリカ原産で、アジア、オーストラリア、太平洋諸島に帰化している。日本では最初は西日本以西で目立っていたが、現在は東北南部あたりまで北上し、急速に生育地を拡大しており、都市・市街地で普通にみられる。群生することも多い。

日当たりのよい、やや乾燥した場所に多いが、公園の林の中でも生育している。痩せ地を好むともいわれているが、施肥すると生長量が大幅に増すので、好むというのではなく競争が少ない土地に生えやすいということらしい。

メリケンカルカヤの最大の特徴は、結実後に枯れた茎葉が崩壊せずに翌年6月頃まで半年以上残存することで、生育期には気づかず枯草をみて本草の繁茂を知ることが多い。

地下部構造　形態は分げつの集合であり、掘り取ると簡単にシュート1本ずつの株(ラメット)に分かれる。

再生様式　それぞれの単位に新たな分げつが形成される。

繁殖・拡散様式　繁殖は種子による。小穂の基部には長い綿毛が着いているので、種子は風で遠くまで運ばれる。実際、風道に対面している痩せ地ののり面などに最初に侵入し、そこから近隣に拡がるのが観察される。侵入1年目は茎葉の生長が貧弱なため全く目につかないが、地下には立派な根群を発達させている。そして2年目にはシュートを伸長させ出穂する。

雑草害と制御法　ゴルフ場の林縁・林内ラフ、フェンス・境界柵・電柵下など刈取り管理がやりにくい場所に多く発生し、景観の劣化、視認性の悪化、設置機器の障害などを生じる。しかし、適切な刈取り管理によってイネ科植被として利用もできる。本種は茎稈部で窒素固定を行うので、窒素肥料の施用で出穂を抑制できるという説もあるが正しくない。生長が確実に促進され、より多くの種子生産につながる。むしろ、秋期以降の枯れた状態を放置しないことが重要で、枯草状態の数か月間に地下部へ養分が還元され翌春の生育促進につながる。本種の非植栽地での防除は非選択性茎葉処理剤の散布で容易にできるが、芝地での大型株の選択的防除はアシュラムとIPCの混用処理が有効とされている。

空地の大群落。枯れた茎葉のままで過ごす期間が長い。枯れてから約半年後の5月中旬の様子(神戸市)

参考文献

Anderson, W. P. 1999. Perennial Weeds. Iowa State University Press, Ames.
浅井元朗．2015．植調雑草大鑑．全国農村教育協会．
浅井貞宏．1977．カラムシ（*Boehmeria nivea*，英名Ramie）の花粉に起因する気管支ぜんそくの研究．アレルギー　26：731－739.
浅井康宏．1993．緑の侵入者たち．朝日新聞社．
朝日新聞社編．1978－1979．世界の植物1～10．朝日新聞社．
BBC Gardener's World. Japanese Knotweed. www.japaneseknotweed.co.uk/news/（アクセス確認2017年12月6日）
Cavers, P. B., Bassett, I. J. and Crompton, C. W. 1980. *Plantago lanceolata* L.: The biology of Canadian weeds. 47. Canadian Journal of Plant Science 60: 1269-1282.
Cloutier, D. and Watson, A. K. 1985. Growth and regeneration of field horsetail (*Equisetum arvense*). Weed Sci. 33 : 358-365.
Degennara, F. P. and Weller, S. C. 1984. Growth and reproductive characteristics of filed bindweed（*Convolvulus arvensis*）biotypes. Weed Sci. 32: 525- 528.
DiTomaso, J. M., and Kyser, G. B. *et al*. 2013, Weed Report, Quackgrass from Weed Control in Natural Areas in the Western United States. Weed Research and Information Center, University of Calfornia.
Doi, M., Ito, M. and Auld, B. 2006. Growth and reproduction of *Hypochoeris radicata* L. Weed Biology and Management 6(1): 18-24.
榎本 敬・中川恭二郎．1977．セイタカアワダチソウに関する生態学的研究．雑草研究　22：202－208.
藤本義昭．2001．たかがススキされどススキ：イネ科植物の話．鹿砦社．
伏見昭秀．2011．ヒルガオ（*Calystegia*類）．草と緑　3：38－44.
原 襄．1994．植物形態学．朝倉書店．
平吉功退官記念事業編．1976．ススキの研究．
Holm, L. G.. Plucknett, D. L., Pancho, J. V. and Herberger. J. P. 1977. The World's Worst Weeds, The University Press of Hawaii.
本江昭夫・八木沢祐介・福永和男．1980．土壌中における切断したシバムギ地下茎からのshootの生長．雑草研究　25：27－130.
本江昭夫・岩瀬信也．1982．多年生イネ科雑草シバムギ, ナガハグサ, コヌカグサにおける地下茎の拡散能力．雑草研究　27：98－102.
Horowitz, M. 1973. Spatial growth of *Sorghum halepense*（L.）Pers. Weed Research 13 : 200- 08.
Invasive Species Specialist Group, IUCN. 2004. 100 of the world's worst invasive alien species. http://www.issg.org/pdf/publications/worst_100/english_100_worst.pdf（アクセス確認2019年10月10日）
伊藤 洋．1981．シダ植物「現代生物学休系 7B」．中山書店．
伊藤幹二．2011．都市の気候変動と深刻化する雑草問題．草と緑　3：9－20.
伊藤幹二．2018．雑草リスク情報－その2：その傷害や病気，実は雑草が原因です．草と緑　10：54－65.
伊藤健次・井之上 準・井手欽也．1966．ヨモギの生理生態およびその防除法に関する研究　第1報　ヨモギの繁殖について．雑草研究　5：85－90.
伊藤健次・井手欽也・井之上 準．1970．ヨモギの生理生態およびその防除法に関する研究　第3報　耕地におけるヨモギのlife-cycleについて．雑草研究　10：15－18.
伊藤操子・池田正昭・工藤 純・岡 啓．1985．スギナ地下部の分布様式とこれに及ぼす耕うんおよびアシュラム処理の影響．雑草研究　30（別）：171－172.
伊藤操子・浦郷昭子・川上充子．1989．根断片による栄養繁殖（予報）．雑草研究　34（別）：141－142.
伊藤操子・Liebl, R. A. 1991．Creeping rootをもつ多年生雑草の栄養繁殖特性の比較研究（1），（2）根系の形態．雑草研究　36（別）：190－191，192－193.
伊藤操子．1993．雑草学総論．養賢堂．

伊藤操子・渡辺靖洋．1994．多年生雑草スギナ（*Equisetum arvense* L.）地下部の季節変化．京大農場報告　4：9－16.
伊藤操子・森田亜貴．1999．地下で拡がる多年生雑草たち．ダウ・ケミカル日本ダウアグロサイエンス事業部門.
伊藤操子．2009．緑化場面の雑草問題とシート活用技術：試験事例からの考察．防草緑化技術研究所第1回シンポジウム要旨　19－28.
伊藤操子．2011．スギナ（*Equisetum arvense* L.）．草と緑　3：45－52.
伊藤操子．2011．雑草からみた機械的防除．緑地雑草科学第3回シンポジウム講演要旨　10－18.
伊藤操子．2012．ワルナスビ（*Solanum carolinense* L.）．草と緑　4：35－43.
伊藤操子・小西真衣．2012．公園緑地における雑草と管理の実態：都市公園の広域実態調査成果報告．特定非営利活動法人緑地雑草科学研究所公開セミナー「公園緑地と雑草」要旨　11－42.
伊藤操子．2013．雑草の素顔と付き合い方：雑草はなぜ生える②―多年草の戦略．グリーンニュース89, 90：25－32，25－30.
伊藤操子．2014．セイバンモロコシ（*Sorghum halepense* (L.) Pers.）．草と緑　6：32－39.
伊藤操子．2015．ヨモギ（*Artemisia princeps* Palm.）：雑草としてのその素顔．草と緑　7：30－37.
伊藤操子．2018．除草剤と植物－その2：地下で拡がる多年生雑草が制御される仕組み．草と緑　10：2－15.
岩瀬 徹．2007．形とくらしの雑草図鑑．全国農村教育協会.
JA全農肥料農薬部技実対策課．2015．クミアイ農薬要覧2016．全国農村教育協会.
角 龍市朗．2012．緑地管理で排出する植物系発生材のオーガニックマルチ資材としての機能．緑地雑草科学研究所第4回シンポジウム講演要旨.
亀山 章．1978. 高速道路のり面の植生遷移について（II）群落調査による遷移の診断と遷移系列の推定．造園雑誌　41：2－15.
金子有子．2018．琵琶湖における湿生植物ヨシ（*Phragmites australis*（Poaceae））の種子繁殖特性．東洋大学学術情報リポジトリ　43－53.
笠原安夫．1968．日本雑草図説．養賢堂.
樫野亜貴・伊藤操子．1996．雑草7種の根茎構造の季節変化．雑草研究　41（別）：98－199.
駒井功一郎．多年生雑草ハマスゲの防除に関する生理生態学的研究．京都大学博士論文印刷物.
小西真衣．2009．チガヤ（*Imperata cylindrica* (L.) Beauv.）．防草緑化技術　1：10－15.
小西真衣．2010．セイタカアワダチソウ（*Solidago altissima* L.）．草と緑　2：29－35.
黒川俊二．2012．緑地管理における外来種と在来種 ―そのリスク管理について―．草と緑　4：8－18.
Lolas, P. C. and Coble, H. D. 1980. Johnsongrass（*Sorghum halepense*）growth characteristics as related to rhizome length. Weed Research 20: 205-210.
Lorenzi, H. J. and Jeffery, L. S. 1987. Weeds of the United States and their Conlrol. Kostrand Reinhold Company, New York.
前中久行．2001．ランドスケープの立場からみた市街地環境と"雑草"．雑草研究　46：48－55.
松村正幸・行村 徹．1980．チガヤ種内2型の比較生態（1）植生からみた普通型及び早生型チガヤの生育地特性．岐阜大学農学部研究報告　43：233－248.
松村正幸．1997．イネ科主要牧草の個生態（12），（13），（14）．畜産の研究　51：1036－1041, 1132－1139, 1238－1246.
松村正幸．1998．イネ科主要野草の個生態（17），（19）．畜産の研究　52：310－316，507－513.
Mullingan, G. A. ed. 1979. The Biology of Canadian Weeds. 1-32. Minister of Supply Services, Canada.
Mullingan, G. A. ed. 1984. The Biology of Canadian Weeds. 33-61. Minister of Supply Services, Canada.
邑田 仁・米倉浩司．2013．維管束植物分類表．北隆館.
茂木 発・伊藤操子．1995．コヒルガオおよびセイヨウヒルガオの生育段階における茎葉処理剤の効果の差異．雑草研究　40（別）：130－131.
Nadeau, L. R. and Born, W. N. 1989. The root system of Canada thistle. Can J. Plant Sci. 69: 1199-1206.
楢原恭爾．1969．日本の草地社会（草地資源の研究）．養賢堂.
日本雑草学会雑草学事典編集委員会編．2011．雑草学事典WEB版．日本雑草学会.
野口勝可・森田弘彦．1997．除草剤便覧：選び方と使い方．農山漁村文化協会.

沼田 真・吉沢長人編．1975．日本原色雑草図鑑．全国農村教育協会．
沼田 真．1980．ススキ, 堀田満編「植物の生活史」68－77．平凡社．
沖縄県農林水産部．2015．さとうきびほ場に発生するヤブガラシ類の防除マニュアル．http://www.pref.okinawa.jp/eino/kankyo/document/bouzyomanyuaru/（アクセス確認2019年11月20日）
Palmer. J. H. and Sagar, G. R. 1963. *Agropyron repens* (L.) Beauv. Journal of Ecology 51 (3) : 783-794.
Ross, M. A. and Lembi, C. A. 1985. Applied Weed Science. Macmillan Publishing Company.
佐治健介．2009．防草シートの現在：構造と活用現場からのアプローチ．防草緑化技術研究所第1回シンポジウム要旨　11－18.
清水矩宏・森田弘彦・廣田伸七．2001．日本帰化植物写真図鑑．全国農村教育協会．
清水矩宏・宮崎 茂・森田弘彦・廣田伸七．2005．牧草・毒草・雑草図鑑．全国農村教育協会．
下野嘉子．2014．ヨモギ（*Artemisia indica* Willd. var. *maximowiczii*（Nakai）H.Hara）～緑化植物の観点から～．草と緑　6：23－31.
Swan. D. C. 1980. Field Bindweed, *Convolvulus arvensis* L. Wash. State Univ. Coll. of Agric. Res. Center Bull. 0888.
高木圭子・伊藤操子．1998．ヒルガオ及びコヒルガオの根茎の構造の季節変化．雑草研究　43（別）：84－85.
高木圭子・伊藤操子．1998．ヒルガオ及びコヒルガオの変異について．雑草研究　43（別）：86－87.
高橋 俊・手島茂樹・小川恭男．1996．草地強害帰化雑草の生理生態の解明と防除技術の開発．農水省単年度試験成績（平成8年度）．
竹松哲夫・一前宣正．1987．世界の雑草Ⅰ―合弁花類―．全国農村教育協会．
竹松哲夫・一前宣正．1993．世界の雑草Ⅱ―離弁花類―．全国農村教育協会．
竹松哲夫・一前宣正．1997．世界の雑草Ⅲ―単子葉類―．全国農村教育協会．
Tominaga, T., Kobayashi, H. and Ueki, K. 1989. Geographical variation of *Imperata cylindrica* (L.) Beauv. in Japan. Journal of Japan Grassland Science 35 (3): 164-171.
Tominaga, T., Kobayashi, H. and Ueki, K. 1989. Seasonal change in the standing-crop of *Imperata cylindrica* var. *koenigii* grassland in the Kii-Ohshima Island of Japan. Weed Research, Japan 34: 204-209.
植木邦和・中村 弘・小野 宏．1965．宿根性雑草ハマスゲの防除に関する基礎研究：Tuberの発芽と温度ならびに湿度との関係．雑草研究　4：61－67.
浦川修司・出口裕二．1998．飼料畑等における強害外来雑草被害防止と緊急対策技術の確立．農水省完了試験成績（平成9年度）．
USDA NRCS. Broomsedge, *Andropogon virginicus.* http://plant.usda.gov/factsheet/pdf/（アクセス確認2019年12月17日）
USDA NRCS. White Clover, *Trifolium repens.* http://plant.usda.gov/factsheet/pdf/（アクセス確認2019年12月16日）
USDA NRCS. Purple Nutsedge, *Cyperus rotundus* L. http://plant.usda.gov/factsheet/pdf/（アクセス確認2019年12月16日）
USDA NRCS. Philadelphia Fleabane, *Erigeron philadelphicus* L. http://plant.usda.gov/factsheet/pdf/（アクセス確認2019年12月17日）
渡辺耕造．1982．イヌスギナの生態と防除．植調　16 (9)：6－13.
Williams. E. D. 1979. Studies on the depth distribution and on the germination and growth of *Equisetum arvense* L.（field horsetail）from tubers. Weed Research. 19: 25-32. 120-123.
WSSA. Summary of herbicide mechanism of action according to the Weed Science Society of America. Wssa.net/wp-nontent/uploads. WSSA-Mechanism –of –Action. pdf.（アクセス確認2019年8月8日）
矢原 徹．1989. フキ．河野昭一監修「Newton Special Issue」植物の世界　第4号．教育社．
行永寿二郎・井手欽也・伊藤幹二．1973. ワラビに対する asulam の殺草効果とそれに関連する2, 3の生態．雑草研究　15：34－41.
行永寿二郎・井手欽也・伊藤幹二・嶋田資久．1975. セイタカアワダチソウの生態に関する2, 3の観察と asulam による防除．雑草研究　19：46－50.
Ziska, L. H. and Dukes, J. S. 2001. Weed Biology and Climate Change. Wiley-Brackwell.

伊藤　操子（いとう・みさこ）

1941年、兵庫県生まれ。京都大学名誉教授。農学博士、樹木医。専門は雑草学。1967年、同大学大学院農学研究科修士課程修了。1974～2005年まで31年間にわたり同大学農学部・大学院農学研究科雑草学研究室で雑草生物学、雑草管理学の研究・教育に従事し、樹園地・畑地・芝地・草地・緑地・非農耕地における雑草管理法の改善と構築に努めた。これらの業績により、1988年に日本雑草学会賞、2005年に日本農学賞を受賞。日本雑草学会元会長、日本芝草学会元評議員、NPO法人緑地雑草科学研究所理事（元理事長）、NPO法人兵庫県樹木医会監事、NPO法人グラスパーキング「駐車場芝生化」技術協会理事長。
著書に『雑草学総論』（養賢堂）、『地下で拡がる多年生雑草たち』（共著、京都大学大学院農学研究科雑草学分野）、『原色 雑草診断・防除事典』（共著、農文協）他多数。

イラスト　伊藤　幹二

多年生雑草対策ハンドブック
叩くべき本体は地下にある

2020年9月20日　第1刷発行
2021年1月30日　第2刷発行

著　者　伊藤　操子

発行所　一般社団法人　農山漁村文化協会
〒107-8668　東京都港区赤坂7—6—1
電話　03(3585)1142(営業)　03(3585)1147(編集)
FAX　03(3585)3668　　振替　00120-3-144478
URL　http://www.ruralnet.or.jp/

ISBN978-4-540-19125-1
〈検印廃止〉

DTP製作／(株)農文協プロダクション
印刷・製本／凸版印刷(株)
定価はカバーに表示